U0623043

放下

学会了放下，便能得大智慧。

范宸 著

中华工商联合出版社

图书在版编目（CIP）数据

放下／范宸著. -- 北京：中华工商联合出版社，
2016. 11
ISBN 978 - 7 -5158 - 1817 -7

Ⅰ. ①放… Ⅱ. ①范… Ⅲ. ①人生哲学－通俗读物
Ⅳ. ①B821 -49

中国版本图书馆 CIP 数据核字（2016）第 253988 号

放　　下

作　者：范　宸
责任编辑：吕　莺　张淑娟
封面设计：信宏博
责任审读：李　征
责任印制：迈致红
出版发行：中华工商联合出版社有限责任公司
印　刷：唐山富达印务有限公司
版　次：2017 年 2 月第 1 版
印　次：2022 年 2 月第 2 次印刷
开　本：787mm×1092mm　1/16
字　数：270 千字
印　张：15
书　号：ISBN 978 -7 -5158 -1817 -7
定　价：48.00 元

服务热线：010 -58301130
销售热线：010 -58302813
地址邮编：北京市西城区西环广场 A 座
　　　　　19 -20 层，100044
http：//www. chgslcbs. cn
E-mail：cicap1202@ sina. com（营销中心）
E-mail：gslzbs@ sina. com（总编室）

工商联版图书

版权所有　侵权必究

凡本社图书出现印装质量问
题，请与印务部联系。

联系电话：010 -58302915

目录
Contents

第一章　做好人生选择题

> 一位伟人说："要么你去驾驭生命，要么生命驾驭你，你的心态将决定谁是坐骑，谁是骑师。"
>
> 人的一生，除了出身不能选择，其他的一切都是自己选择的结果。做好人生选择题，首先要选择好的心态、积极的心态，这样，人在选择时才会找准方向，人生才会处处充满光明；反之，用消极的心态、负面的心态面对人生，人生只会充满灰暗。

第二章　人生是一次次选择的结果

> 人的生命是有限的，时间却是在不断流逝的。不要把生命浪费在哀愁、沮丧与迷茫中。
>
> 人生是一次次选择的结果，好运不是"坐等"来的，要靠自己去争取；厄运是可以改变的，要靠自己去解决。

第三章　选择决定命运

人的一生总会面临各种各样的选择。当你进行选择时，一定要十分慎重，因为选择会关系到你未来的命运。

每个人都是自己生命的导演，只有真正懂得正确选择的人，才能创造出精彩的人生，才能看到天地间最美的风景。

第四章　理智放弃，升华人生

人在做选择时相对容易，而要做到理智放弃则很难。人生是选择题，除了向前，有时还包括向后。放弃也是一种选择，是一种更高境界的选择。

人生路上，往往有太多次需要选择放弃，否则，"重担在肩"，会让人步履沉重，无法轻松前行。

第五章　正确取舍，把握命运

人不能苛求"总是得到"，"能够得到"就应该让我们欣喜不已了。"失"非常正常，就像花总要凋零。人生不是简单的"得"与"失"的博弈，而是选择与放弃的过程。

第六章　得意淡然，失意泰然

人的一生，苦、乐、悲、喜，各种各样的事都会遇到。当不顺心萦绕我们的时候，我们要学会选择，学会放弃，尤其要选择放弃烦恼和忧愁，选择乐观心态，这样才能在得意时心淡然，失意时心泰然。

第七章　放弃是为了更好的选择

在漫长的人生路上，有选择，有放弃，但选择什么，放弃什么，是门学问。正确的选择，会使人少走弯路，少触"雷区"；正确的放弃，不仅仅是放弃，更是真正把握住了再一次选择的机遇。

第八章　选择和放弃是人生的常态

选择是人生的常态，放弃也是。西方有句谚语：你有所选择，同时你就有所失去。这在西方经济学上叫作"机会成本"，因为选择而放弃的那些就是机会成本。这是客观存在的，是一种交换。

做好人生选择题

　　一位伟人说："要么你去驾驭生命，要么生命驾驭你，你的心态将决定谁是坐骑，谁是骑师。"

　　人的一生，除了出身不能选择，其他的一切都是自己选择的结果。做好人生选择题，首先要选择好的心态、积极的心态，这样，人在选择时才会找准方向，人生才会处处充满光明；反之，用消极的心态、负面的心态面对人生，人生只会充满灰暗。

乐观的心态成就美好的人生

有人说：我们怎样对待生活，生活就怎样对待我们。所以，用乐观的心态、积极的心态对待人生，人生就会充满光明；用消极的心态、负面的心态对待人生，人生就会充满灰暗。

选择的心态是积极还是消极对人的一生影响巨大。一个人只有拥有良好的心态，才能无惧生活中的任何困难，才能始终坚定地为自己的理想而努力，才能拥有美好而光明的人生。

心态是一个人的世界观、价值观和人生观的综合体现，也是一个人生活得是否幸福的关键因素。

有这样一个故事：两个推销员到非洲去推销皮鞋。由于天气炎热，非洲人一直都是赤着脚不穿鞋。一个推销员看到非洲人这个样子，立刻失望起来，他想："这些人从他们祖辈开始就赤着脚不穿鞋，现在更不会买我的皮鞋了。"于是他放弃了推销。

而另一个推销员看到非洲人都赤着脚，惊喜万分。在他看来，这些人世代都没有鞋穿，这皮鞋市场就大了。于是他想尽一切办法，引导非洲人购买皮鞋，最后他竟然打开了非洲的皮鞋市场。

同样是非洲市场，同样面对赤着脚的非洲人，由于推销皮鞋者不同的心态，结果一个人灰心失望，不战而败；另一个人则满怀信心，大获全胜。

还有一个故事是我们耳熟能详的，相信这个故事对我们每个人的成功与人生都会有巨大的启示意义。

有一位叫塞尔玛的女士陪伴丈夫驻扎在沙漠的陆军基地里。后来丈夫奉命到沙漠里去演习，她一个人则留在驻军的小铁皮房子里。天气很热，气温高达华氏125度。刚来到此地时，塞尔玛觉得很新鲜，但过了几天独居生活后，没有人和她聊天——身边只有和她语言不通的墨西哥人和印第安人，她的新鲜感没有了，她变得非常孤独。

塞尔玛写信给父母，发了许多牢骚，想尽快离开此地回家去。她的父亲给她回了一封信，回信很短，只有一句话。但是，这句话却永远留在了她的心中，并且从此完全改变了她的生活。这句话是这样的：

两个人从牢中的铁窗望出去，一个看到的是泥土，一个看到的是星星。

塞尔玛反复琢磨父亲话中的意思。几天后，塞尔玛下定决心，要在沙漠中找到"星星"。她开始和当地人交朋友。她对当地人的纺织品、陶器很感兴趣，当地人看到她如此真诚，还把自己最喜欢的、甚至都不愿卖给游客的纺织品、陶器送给了她。

塞尔玛研究那些使人着迷的仙人掌和其他各种沙漠植物，还学习有关土拨鼠的知识。她观看沙漠日落，寻找海螺壳。这些海螺壳是几万年前这片沙漠还是一片海洋的时候留下来的……

就这样，原来使人难以忍受的环境最终变成了令塞尔玛兴奋、使她流连忘返的奇境。沙漠没有改变，但是塞尔玛的心态改变了，而心态改变了，观念也就改变了。一念之差，使塞尔玛把原先认为恶劣的环境变成了她人生中有意义的旅行。她为每天的发现兴奋不已，并为此写了一本名为《快乐的城堡》的书。塞尔玛终于从人造的"牢房"里望出去，看到了"星星"。

拿破仑·希尔说："一个人能否成功，关键在于他的心态的选择。"成功的人与一般人的差别就在于成功的人选择了积极的心态，而一般人则习惯于以无所谓的心态去面对人生。

我们经常听到有人说，他们现在的境况是由别人造成的，或是由环境决定的，等等。其实，在任何特定的环境中，人都会有一种自由，这是任何人都无法干涉的，那就是"选择"的自由。

卡耐基曾说："人们最常见同时也是代价最大的一个错误，是认为成功有赖于某种天才、某种魅力、某些不具备的东西。"

当一个人对现实心怀不满时，总会找出诸多的借口，要么是他人影响了自己，要么是环境对自己不利，要么是自己出身不够高贵，要么是自己没遇上"贵人"；等等，总之，一切均是外界因素造成。其实，外界因素只是一方面，人真正有所成就、有所成绩主要是靠自己。虽然人有了积极心态并不能保证做事成功，但可以保证生活快乐；而一直持消极心态的人，做事不仅不会成功，人也会处于不快乐之中。

让我们选择用积极的心态来对待自己的生活和事业吧。记住，播下积极的种子，会收获成功的果实；播下消极的种子，则永远不会有花开的那一天。

人生的"正反面"

一枚硬币有正反两面，人生其实也有"正面"和"背面"。光明、希望、愉快、幸福……是人生的"正面"；黑暗、绝望、忧愁、不幸……是人生的"背面"。

人的一生说长也长，说短也短，会经历"正面"，也会遭遇"背面"。尽管许多人都希望永远生活在"正面"之中，但也往往会遭遇"背面"的"攻击"。当"背面"出现时，你会怎样处理呢？你会怎样将"背面"转化为"正面"呢？

有一个人从小双目失明。长大懂事后，他整日以泪洗面，认定这是上天在惩罚他。他恨上天不公平，为什么别人都有一双明亮的眼睛，而他没有？他觉得生活没有意义。

后来，一位长者对这个人说："世上每个人都是被上帝咬过一口的苹果，都是有缺陷的。有的人缺陷比较大，是因为上帝特别喜爱他的芬芳。"这个人听后很受鼓舞，从此把失明看作是上帝对他的特殊钟爱。他开始振作起来，选择当了一名按摩师，刻苦努力，最终成为一名被人称颂的好医师。

有人曾说："假使我们将自己比作泥土，那么我们就真要成为别人践踏的东西了。"其实，人都会遭遇人生的"背面"，永远生活在"正面"中的人在现实中少之又少，只是人们遇到"背面"有大有小，有多有少，有长有短而已。

别人认为你是生活在哪一面其实并不重要，关键是你如何看待自己的"正面"和"背面"，而且，当你处在"背面"时，你是永久生活在"背面"，还是尽快选择将"背面"转化成"正面"，即如何找出自身的优势长处，从困境中走出来。

世上的一切都不会像我们看到、听到的童话世界中描绘或想象的那样完美。有些人认为自己长相一般，但还有人比他们更一般；有些人认为自己路途坎坷，但还有人比他们更"倒霉"。人不要刻意去追求什么完美，就像不要认为自己生活在人生"背面"就抬不起头，只有生活在人生"正面"才算真正过了一生，这些消极思想都要摒弃，因为人无论是生活在"正面"还是"背面"，都要靠自己去争取，都不要对自己失去信心。

每个人都有自身的优势和长处，很多人之所以成功，就是因为发现了自己的优势，"经营"了自己的长处。正确的选择会让自己的优势、长处发扬光大，会让人超越自卑，学会欣赏自己，这不仅仅是人生的一种享受，还是人有信心面对社会中的磨难的关键。

每个人平淡无奇的生命中，都蕴藏着一座丰富的金矿，正确认识自己，就是打开金矿的"钥匙"。

当一个人面对人生的"背面"时，绝不能自暴自弃，更不能苛求自己。因为一个人如果总对自己要求过高，总是追求完美，总是强迫自己

做到尽善尽美，会阻碍自己取得成功，阻碍自己享受成绩所带来的一切欢愉。

当一个人面对人生的"正面"，也不要骄傲自满，忘乎所以，自认为比其他人都高贵、都幸运，此时若不居安思危，"正面"往往也会转化为"背面"。

人要对自己走的路以及自己是什么样的人负责。而这就要求自我选择，他人无法代替你做出选择。

爱生命，爱自己，爱这个世界，这是人必须学会的一堂重要的人生课，而如何"选择"需要慎之又慎。

路到尽头，需勇于选择"转弯"或"回头"

曾经有这样一个故事：战争中，敌机把家园炸成了废墟。许多人在那里痛哭流涕，悲痛欲绝，唯有一个男子，默默地从废墟中捡出一块块砖，放到一边。慢慢地，他的行动影响了众人，大家不再哭泣，也默默地加入进来，捡起有用的东西。

在生活中，人会遇到许多困难，忧愁、烦恼有时会成为生命中一时难以承受之重。

一帆风顺的人生只是人们心中一种美好的期待。"人生不如意事常八九。"忧愁、烦恼，作为困境中人的自然心理反应，在所难免，但人切不可沉溺其中。

当人遇到困难时，需要尽快调整心态和情绪，采取积极的行动来改变已遭破坏的生活，就像路到尽头，一定要选择"转弯"或"回头"，这样，你会发现当初似乎要压垮你的"困难"，不过是一片"乌云"而已。你会庆幸自己及时地调整了心态，采取了行动，做出了正确的选择，从困境中走了出来。

美国历史上最著名的人物之一——富兰克林，起初在波士顿城的一

家小报馆当印刷工，因为他的哥哥是那家报馆的经营者。有一天，他和哥哥为了一点小事闹意见，还打了一架，于是，富兰克林不得不离开哥哥经营的报馆。

富兰克林离开哥哥的报馆后，想到其他的印刷厂去工作。可是，气急败坏的哥哥却通知波士顿所有的印刷厂，请他们不要雇用富兰克林。同业者不想卷入这场兄弟之间的纷争，于是答应了哥哥的请托。富兰克林四处碰壁，一时想不出好的办法来，陷入困境。

后来，富兰克林想："我为什么非要待在这里呢？我为什么一定要在波士顿寻找工作呢？"就这样，他下定决心一个人离开波士顿。后来，他在费城找到一份印刷的工作。那时的富兰克林只有 17 岁。

在费城，富兰克林成为一名普通的印刷工人。因为他是新来的，所以有很多的体力活要他去做，但是，富兰克林心想，体力活可能会促进将来的成长！他毫不气馁地坚持工作，他还利用业余时间读书，学习最新的印刷技术。自强、自立使富兰克林成长，他凡事靠自己，去掉了依赖性，变得更加自信、更加成熟。

在人生诸多关口上，选择有时很简单，有时却很难，甚至要经历无数次的痛苦挣扎、无数次的心碎头痛。

心态好的人，做选择时能够做到不受外界的影响，但大多数人，做选择时会瞻前顾后，左思右量，易受外物左右。人即使人生遇到困境、坎坷，选择时也要尽量以平和心态去对待，因为这不仅有助于让人在选择时头脑冷静，同时选择的质量也会相应高得多。不难想象，方寸大乱、头脑发热之人，做出的选择会多么的不理智。

一位父亲教他5岁的儿子使用剪草机，父子俩正剪得高兴，电话响了，父亲进屋去接电话。5岁的儿子把剪草机推上了父亲最心爱的玫瑰花圃。

父亲出来一看，脸都气青了，眼看他的拳头高高举起。这时母亲出来，看见满目狼藉的花园，顿时明白了是怎么回事，她温柔地对丈夫说："喂，我们现在人生最大的幸福是养孩子，不是养玫瑰花。"

3秒钟后，做父亲的不再生气，一切归于平静。

当人遇到困境时，千万不要一直在里面"转圈"，而要选择突破口；也就是说，当人遇到前方"无路"时，要赶快选择"转弯回头"，仔细想一想，下一步该如何做。例如，当你生气、烦恼的时候，问问自己：我是为了生气、烦恼才活着的吗？当你与爱人发生冲突时，想一想：我是为了吵架才结婚的吗？这样做了，你的心中就不会再生气或烦恼了。

"转弯"、"回头"都是灵活应变的思维方式。重新选择、"转弯回头"都是一种智慧，是一种处事能力。能有重新选择、"转弯回头"想法的人，是懂得反省的人。因为生活中任何一切都在选择之列，不把命运交给他人的人，是对自己真正负责任的人。

正确的选择比努力更重要

有什么样的选择就会有什么样的结果。今天的生活源于我们昨天的选择，明天的辉煌与否取决于我们今天的选择。人生总是处在选择的关口，不一样的选择，会产生不一样的结果。

人的一生永远处于选择之中。从出生开始，父母替孩子选择出生的医院；上学时，父母为孩子选择上什么样的学校；毕业后，孩子选择从事什么样的职业；谈婚论嫁时，选择对象又是一次极其重要的"人生选择"。人一代一代延续生命，每一代人都在不停地做选择，选择自己要走的人生之路。

人的每一次选择，既反映了人追求的目标，又影响着人人生的走向，决定着人的未来。人生有时候就是那么关键的几次选择，人假如一次选择做错，就有可能步步皆错，影响事业的成功和生活的美满。

乔·吉拉德出生在一个贫穷的家庭，他的童年是在父亲的打骂中度过的。挨打带来的恐惧使吉拉德从小就很自卑，他 8 岁时开始有口吃的毛病。

长大后，吉拉德去一家建筑公司当了一名普通工人，由于表现出色，深受老板赏识。多年后，老板退休，将公司交给吉拉德管理。最初几年，他做得很顺手，不料在从事房地产投资时，他被人骗了，生意一败涂地。除了妻子、孩子和债务之外，他一无所有。

吉拉德认真思考了好几天，他觉得人生中又要面临一次重要选择了，他下定决心，打算重新打鼓开张，走出困境。

吉拉德去一家汽车经销公司应聘一个推销员的职位，经理认为有口吃毛病的他不适合干这项工作，就以"没有带暖气的房间"为由，想打发他走。

吉拉德坚定地说："假如您不雇用我，您将犯下人生中最大的错误。我不要暖气，只要一张桌子和一部电话，两个月内，我将打破您的最佳推销员的纪录。行吗？"

经理被吉拉德的自信打动，于是，吉拉德在楼上的角落里，得到了一张满是灰尘的桌子和一部电话，开始了他的汽车推销生涯。口吃的毛病对一个下定决心的人来说并非不可逾越的障碍，他用行动改变着自己的现状。没过多久，他的口吃毛病被克服。3年后，吉拉德荣登"世界零售汽车及卡车推销员第一名"的宝座，并将这一纪录保持多年。

一个人能否成功，不在于他的选择的起点高低。一无所有之人，通过正确的选择，也可能有好的人生发展；而有些人虽然生于富贵之家，锦衣玉食，但如果只选择沉溺于安逸享乐，也可能最后会沦为一无所有。

春秋时期，有个鲁国人擅长编草鞋，他的妻子擅长织白绢。他想搬家到越国去。友人对他说："你到越国去，富不了，反而一定会变得贫穷。"

这个鲁国人问："为什么?"友人说："草鞋,是用来穿着走路的,但越国人习惯于光脚走路;白绢,是用来做帽子的,但越国人习惯于披头散发。凭着你们夫妻拥有的长处,到发挥不了你们优势的地方去发展,不是要使自己贫穷吗?"

这个寓言故事形象地说明了选择的重要性。

选择在日常生活中无处不在。人们经常会面临着各种各样的选择,像服装穿着、交通工具、电视节目、休闲方式等等。比如,如今,人们要从众多种洗衣机中选择洗衣机,要从几百种啤酒中选择啤酒,要从上千种化妆品中选择化妆品,要从上千种香烟中选择香烟,要从上万种衬衫中选择衬衫,要从各种牌子的矿泉水中选择水喝……

选择在事业中也很重要。正确的选择有时比努力做事还要重要。人们在做选择时并不难,难的是选择正确,因为一旦选择有误,人再努力也会变成是在做"无用功",结果更会是南辕北辙,"费力不讨好"。

诚然,成功者个个都很努力,但努力者不一定个个都能成功。其中的原因在很大程度上在于选择是否正确。正确的选择会决定未来的成功;而错误的选择从一开始就注定了最终的失败。

寻欢作乐、游戏人生是一种选择;孜孜不倦、争分夺秒、埋头苦干也是一种选择;边干边玩是一种选择;闲看花开花落、优哉游哉也是一种选择……不同的人生选择,把人们引向不同的人生方向,因此,人一定要慎重对待选择!

冷静是面对选择的最好态度

在人生旅途中，每个人都在寻找自己要走的"最佳途径"。有时这种寻找会很顺利；有时则"众里寻她千百度"，却不知"她在何处"。很多时候，在不知该怎样选择的时候，冷静思考、随遇而安、顺其自然，往往是最佳选择。

从前，有一位禅师叫乐山。

有一天，乐山指着一荣一枯的两棵树问他的弟子："这两棵树是枯的好还是荣的好？"

一弟子回答："荣的好，欣欣向荣，有朝气。"

乐山说："灼然一切处，光明灿烂去。"

另一位弟子回答："枯的好，枯树苍桑，有韵味。"

乐山又说："灼然一切处，放教枯淡去。"

这时，正好有另一位禅师走过来，乐山又问他这个问题。

这位禅师回答："枯者任它枯，荣者任它荣。"

枯者任他枯，荣者任他荣。这就是一种顺其自然、随遇而安的态度。

顺其自然、随遇而安是指人处在一种环境中能够安然淡定、满足于

现状的情况。人生中奋勇争先，固然是应该的，但暂时的随遇而安、顺其自然，保持一种平和怡然的心态，然后奋发上进，是具有良好心理调节能力的一种表现，这需要有超脱、豁达、宽广的胸襟。这种胸襟，与人遇事冷静、理智看待问题的性格极为相关。

有位来自发达地区的女士，到不发达地区旅游，坐当地人已经觉得不错的卧铺火车嫌脏，在火车上上厕所觉得下不去脚，竟"呜呜"地哭起来，抱怨自己不应该来。

落后地区的卫生条件差是事实，想要改变需要各种条件，单说这位女士，既然去了，就要做到顺其自然、随遇而安，否则真的不要去。

在现实生活中，人如果一味按照自己的主观愿望行事，与自然法则对抗，那么，很可能遭遇失败。就像人类对大自然"宣战"，不切实际地改造自然，向自然一味索取，其结果是人类的行为造成了全球范围内的生态危机，这种危机可能最终葬送全人类以及整个地球生命体系。

顺其自然、随遇而安，并不是消极、颓废的心理，它是人冷静思考中的暂时放下的一种表现。

1971 年，美国迪斯尼乐园的路径设计被评为世界最佳设计。可是，就在迪斯尼乐园即将对外开放之际，各景点之间的路该怎样连接还没有具体方案。为此，设计师格罗培斯心里十分着急。

一天，格罗培斯乘车在法国南部的乡间公路上奔驰，这里漫山遍野都是农民的葡萄园。当车拐入一个小山谷时，他发现那儿停着许多车。原来这是一个无人看管的葡萄园，人们只要往路边的箱子里投 5 法郎进去就可以摘一篮葡萄上路。据说，这是当地一位老太太的葡萄园，她因无力料理而想出了这个办法。谁知道这样一来，在这绵延上百里的葡萄园里，她的葡萄总是最先卖完。这种给人自由、任人选择的做法，使设计师格罗培斯深受启发。

回到驻地，格罗培斯给施工部下了命令：撒上草种，提前开放。在提前开放的半年里，迪斯尼乐园绿油油的草地被踩出许多条小道。第二年，格罗培斯就让工程人员按这些踩出的道路痕迹铺设了人行道。

有时候，人们在不知道下一步如何走时，急于想改变现状，于是贸然行动，这种行动往往是盲目的，结果难以理想，自己的内心也难以保持一种平和的心态，会产生焦躁、焦虑、焦急情绪，人也会处于不安之中。因此，当选择处于两难时，冷静思考、暂时顺其自然、随遇而安，可能是最好的选择。

冷静是面对选择的最好态度。

顺境与逆境没有好坏之分

顺境与逆境，犹如白天与黑夜，无法评价其孰好孰坏。人生路上，顺境会遇到，逆境也会"碰到"；有的人顺境多一些，有的人则逆境多一些。当然，人们都希望遇到顺境，而逆境则是人们都不愿意"碰到"的。

顺境能让人心情愉快，做起事情来得心应手；而逆境则被人们视为"霉运"，视为不顺。逆境中的有些人做事事事碰壁，于是总羡慕那些他们认为生活在"顺境中的人"。实际上，很多在外人看来处在"顺境中的人"并不是完全顺的，他们也会有烦恼、悲伤，甚至"霉运"。

在生活中，一个人如果太顺利了，也不一定是好事，因为可能会让人有点飘飘然、自得、自大、骄傲自满，看不到潜在的危机，努力奋斗的心态会逐渐懈怠，浮躁、专横等不良问题会越来越大。因此，人越是在顺境中，越应小心谨慎，如履薄冰，这样才能将顺境牢牢把握住。

人无论是处在顺境还是逆境，都有可能成功，也都有可能失败。关键是看人自己以什么样的心态去对待顺境和逆境，尤其是选择什么样的行动去改变逆境，选择什么样的方法去把握顺境和逆境。

李自成轻而易举地攻下北京后，骄傲自满达到了顶峰，自以为天下无人敢挑战于他，于是他失去了警惕之心。他对于满族的威胁视而不见，做事不再谨慎，自己忙着称帝，忙着给将领们封官加爵，而将领们忙着"占地划圈"，士兵们则忙着抢掠民财。结果，一个多月之后，李自成就被吴三桂率领清兵赶出了北京。

与李自成形成鲜明对照的是毛泽东。在革命即将成功之时，毛泽东多次强调"务必使同志们继续保持谦虚、谨慎、不骄、不躁的作风，务必使同志们继续保持艰苦奋斗的作风"，实际上就是教育人民的军队越是在顺境中越要谦虚谨慎。因为提前打了"预防针"，所以在进驻北京城时，毛泽东很有信心地说："我们决不当李自成。"

当然，并不是处于顺境中的人就一定经不起考验。人如果在顺境中一直保持谦虚谨慎的态度，利用顺境中的各种有利条件，踏踏实实做事，就容易取得成就，容易取得成功。

居里夫人有两个女儿，她们从小生活在科学名门之家，可以说一生下来就处于顺境之中。但她俩并不坐享父母的科学成果，而是经过自己的不懈努力，最终也取得了骄人的成就。

居里夫人的长女伊伦娜是核物理学家，与丈夫约里奥因共同发现人工放射性物质获得诺贝尔化学奖。次女艾芙则是音乐家、传记作家，其丈夫于 1965 年获得诺贝尔和平奖。

驾车行驶在高速公路上的人会发现，高速公路并不是一直笔直无限延伸的，相反，道路在设计时会设计许多弯道。这是为什么呢？原来，高速公路如果过于笔直，司机会产生驾驶疲劳，容易引发交通事故，因此，高速公路设计者设计了许多弯道以保证驾驶员驾驶安全。

逆境有时就像高速公路的弯道，时时提醒人们人生道路不是一帆风顺。那么，碰到逆境应该怎么办呢？首先，一定要积极应对；其次，不能消沉；再次，要拿出百分之百的努力，勇敢前行，因为逆境前面就是通途。

一次失败，并不意味着永远的失败，也决不意味着总是处于逆境之中，有时尽管人们一时没有达到目标，但只要坚持、努力，就有成功的希望。而如果不坚持，绝望了，放弃了，那最终肯定是一无所成。

人生要"有意识"地选择

一个人的思想决定他的行为，他的行为又常常决定他会有怎样的命运。

常言道："有什么样的选择，就有什么样的人生。"人生是"有意识"地认真思考的选择。人每时每刻都在对自己的人生做选择、做决定，但很多人的选择并不是在认真思考下做出的，而"有意识"选择，即认真思考下做出的选择，往往才是正确的人生选择。

日本松下电器公司创始人松下幸之助4岁时家境没落。父亲为了养活一家人，在大阪一所聋哑学校做杂务工，一家人得以勉强维持生活。松下幸之助上小学四年级时，被迫中断学业，远离亲人，到大阪一家做火盆买卖的店里当学徒。后来，他又在一家自行车店当伙计，干了6年。

当时正是日本电器事业迅速发展的阶段，不仅有了电灯，街道上也开始跑电车了。电在城市生活中越来越重要。渐渐地，松下幸之助感觉到电器时代即将到来，他暗暗下定决心：今后要干一份与电器有关的工作。

1910年，17岁的松下幸之助进入大阪电灯股份有限公司，当了一名

安装室内电线的练习工，后被提升为检查员。

第一次世界大战时，欧洲成为战场，物资奇缺，日本的产品成了抢手货，这大大地刺激了日本工业的迅速发展，日本国内工商企业像雨后春笋般成长起来。松下幸之助萌生了独自办企业的念头。他拿出全部积蓄，加上他的两位老同事森田延次郎和林伊三郎、他的妻子和内弟井植岁男，一共5个人，办起了工厂，生产松下幸之助设想中的改良电灯灯头。

当他们历尽千辛万苦生产出一部分样品之后，却推销不出去。他们拿着样品，走遍了大阪的大街小巷，问遍了每一家销售电灯的商店，一天最多只能卖出10只灯头。

出师不利，两位同事都自谋生路去了。松下幸之助夫妇和内弟3个人仍苦苦地支撑着。那段时间异常艰难。从1917年4月13日到1918年8月，松下幸之助十几次将他妻子的衣服、首饰等物品送进当铺抵押借钱。

就在松下幸之助绝望之际，同事森田延次郎给他带来了一个好消息：有一家北川电器器具制造厂对他的产品感兴趣，看过样品之后，要订购1000只电扇底座，并且不需要任何金属配件。这对松下幸之助来说，无疑是"山重水复疑无路，柳暗花明又一村"。

松下夫妇和年幼的内弟一起投入紧张的生产，大约10天工夫，完成了全部订货。不久，幸之助收到货款，扣除成本，获得毛利基本收回了当初开业时的投资。

第二年年初，松下又接到2000只电扇底座的订单。松下幸之助意识到必须扩大规模，小小的家庭作坊地方太小了。于是，他决定租赁一座新建的两层楼房，楼上住家，楼下开厂。从此，松下电器股份有限公司的前身——松下电器器具制造厂诞生了。

松下幸之助是个善于思考、善于动脑、善于发明、勇于改进的人。他紧紧抓住"研制新产品、开拓新市场"这一主线。他的主要产品"电灯改良插头"和"双灯用插头"市场渐渐扩大到东京、名古屋、九州乃至日本全国。

虽然松下幸之助的事业有了发展，但他的企业无论是规模还是生产能力都还很小。松下幸之助深知，要想超过同行，就要研制新产品。

那时候，自行车已成为日本的日常交通工具，而城市的市政设施还比较落后，道路和路灯跟不上，人们夜间骑车面临着照明的问题。虽然用干电池的车灯已经问世，但电池使用时间太短，仅有 3 个小时，所以，几乎没有实用价值，人们夜间骑车极为不便，车灯成为一直困扰人们骑车的重大难题。

松下幸之助经过半年的试验，终于制造出一种炮弹型电池车灯，使用时间接近 40 个小时。这种车灯设计巧妙，价廉物美，投放市场后深受人们的喜爱。

此后，松下电器开始迅速发展。松下幸之助不断地把新产品推向市场，相继生产出电熨斗、电炉、电热器、真空管和收音机等。他以"高于他人的质量，低于他人的成本，优于他人的服务"为宗旨，在日本国内占据越来越大的市场。他的工厂多次扩建，并先后购并一些私营企业，到 20 世纪 60 年代，松下电器公司一跃成为日本电器制造业的"霸主"。

一个人的成功不是没有原因的。从松下幸之助成功的经历来看，"有意识"地认真思考的选择是他事业成功的重要因素。

世界著名小说《飘》中，女主人公斯佳丽有一个典型的思考习惯，即每当她遇到什么烦恼或者无法解决的问题时，她就对自己说："我现在不要想它，明天再想好了，明天就是另外的一天了。"实际上，这种"明天再想"，就是一种给心灵"松绑"的方式，也是一种将事情"放一放"，让思想"有意识"地认真思考、再选择的过程。

当你情绪低落时、心情郁闷时、内心压力大时，选择一种适合自己的情绪调节的方法，如访友、旅游、跳舞、就餐、运动、唱歌、独处等，调整自己的心态，使自己的情绪处于平和之中，然后再做"有意识"地认真思考的选择，这是正确的方法，这样做出的选择也容易使人走上正确的道路。

"有意识"地思考是一种好的习惯，它首先是认真思考；其次是在"放一放"中的冷静思考。这种方式能克服人在急躁、烦闷以及喜怒哀乐中产生的各种不良或极端情绪，使人在冷静、理智中做出选择。

给自己一个准确的定位

准确自我定位，自我反省，正确评价自己，是人应时时去做的一件事。比如，初出校门找工作，需要定位自己的职业要求，找准自己就业的方向；再比如，让自己往更高的职业岗位提升，需要重新给自己定位，认识自己新职业的要求。

美国联合保险公司有个叫贝尔·艾伦的人，他一心想成为公司的王牌推销员。

有一天，艾伦买了一本杂志阅读，其中的一篇《化不满为灵感》的文章时，令他非常振奋，文中作者教导读者，如何利用积极的态度，实现自己的梦想。艾伦仔细地反复阅读，并在心中默念着，或许有一天可以将这个观念灵活运用在工作中。

有一年冬天，艾伦在工作上遭遇困难，让他有了试验这个观念的机会。

那时，艾伦在威斯康辛市区里沿街拜访，推销保险，然而，他一直在吃闭门羹。心情烦闷的艾伦想起了《化不满为灵感》的文章，于是兴冲冲地将文章找了出来，仔细地重温其中的要诀，他告诉自己："明天我

一定要按这篇文章中的方法试一试!"

第二天,艾伦到公司向其他同事报告昨天的情况。当他报告时,其他与他遭遇相同的同事,个个都是垂头丧气的模样,只有艾伦精神饱满地说明昨日进度。

最后,艾伦做了这么一个结语:"放心好了,今天我还要再去拜访昨天那些客户,今天我的业绩一定会超越你们!"

后来,艾伦真的实现了他的诺言。他又来到昨天到过的那个地区,再度拜访了每一位客户,结果,他签下了 33 份新的意外保险单。

积极的态度,准确的自我定位,帮助贝尔·艾伦创造了辉煌的业绩,更让他重新燃起了自信心。

给自己一个准确的定位,正确认识自己,认识自己在社会中的位置,找准自己生存发展的坐标,同时,心态要积极,内心要充满活力,即使遇到突然下起的"暴雨",也要认为这是上天赐予的"甘霖"。事业成功的人面对再大的困难都不以为意,他们认为困难是生活给出的一道道必须要解的题,他们确信,只要选择正确方法,这些难题终将迎刃而解。

新西兰的一个机构有一年印刷了大量的宣传小册子,但不幸的是,小册子上的一个免费电话号码是错误的。结果,当小册子分发到全国各地后,错误电话号码的所有者——一家通讯公司遭到了公众电话的"狂轰滥炸",公司上上下下都极度气愤。

后来,这家通讯公司的一名销售人员灵机一动,将这个令公司苦不堪言的问题转变成了一个赚钱的机会。他打电话给那家印刷机构,将那个错误的电话号码卖给了它。此举不仅解决了两个组织的难题,而且这名销售人员从他人的错误中为公司促成了一笔买卖。

　　清醒地认识自己，是选择时重要的因素。一个人有多少力量，有多少智慧，在做选择时，都能表现出来。生命的可贵之处，就在于是自己做出选择，而不是他人替自己选择。

自信让人生更加美丽

自信是一个人成熟的标志。人们常说：人无信不立。"信"除了包含信任、信念，更包含信心。一个自信的人，无论其能力大小，本领高低，永远都坚信自己可以创造奇迹；而缺乏自信的人，总是自怜自怨，做事畏首畏尾，与人相交战战兢兢，甚至走路都低头俯身。

在生活中，有些人并不是真的没有优点，没有可爱之处，只是因为他们缺乏信心。因为不自信，他们连自己都开始不信任，于是干起事来没有任何底气，说起话来也总是看人脸色。其实，自信是一种力量，一种能够战胜自我的力量。有自信的人无论做事还是与人交往，总是洋溢着坦然、从容，显得魅力无穷。

传说，古希腊的大哲学家苏格拉底在临终前知道自己时日不多了，就想考验和点化一下他的那位平时看来很不错的助手。他把助手叫到床前，说："我的蜡烛所剩不多了，得找另一根蜡烛接着点下去，你明白我的意思吗？"

"明白，"那位助手急忙说，"您的思想光辉得很好地传承下去……"

"可是，"苏格拉底说，"我需要一位优秀的传承者，他不但要有相当的智慧，还必须有充分的信心和非凡的勇气……这样的人选直到目前我还未见到，你能帮我寻找或发掘一位传承者吗?"

"好的，好的。"助手很温顺、很恭敬地说，"我一定竭尽全力地去寻找，不辜负您的栽培和信任。"

苏格拉底笑了笑，没再说什么。

那位忠诚而勤奋的助手，不辞辛苦地通过各种渠道开始为老师四处寻找传承者。可他领来一位又一位，总被苏格拉底婉言谢绝。有一次，当那位助手再次无功而返地回到苏格拉底病床前时，病入膏肓的苏格拉底硬撑着坐起来，摸着那位助手的肩膀说："真是辛苦你了，不过，你找来的那些人，其实还不如你……"苏格拉底笑笑，不再说话。

半年之后，苏格拉底眼看就要告别人世，最优秀的人选还是没有眉目。助手非常惭愧，泪流满面地坐在病床边，语气沉重地说："我真对不起您，令您失望了!"

"失望的是我，对不起的却是你自己。"苏格拉底说到这里，闭上眼睛，停顿了许久，才接着说，"本来，最优秀的人就是你自己，只是你不敢相信自己，更没有勇气推荐自己，才把自己给忽略了，你不知道如何发掘和重用自己……"

话没说完，一代哲人就永远离开了这个他曾经深切关注着的世界。那位助手非常后悔，甚至后悔、自责了半生。

虽然这只是一个传说，但其中深刻的寓意却让我们每一个人感慨至今。

缺乏自信是人最大的一个缺点，它会让人丧失许多成功的机会。

很多时候，人们因为不敢相信自己，总是认为别人比自己要强很多，于是，附和他人意见，奉承他人思想，总希望用他人的肯定来证明自己是正确的。

有一个圆，丢了一部分。它总想找回完整的自己，它认为完整的自己漂亮，无缺憾，而现在丢了一块，它认为自己干什么都不行，很不自信。于是，它到处找寻着自己丢失的部分。由于它不完整，滚动得非常慢，因而领略了沿途鲜花的美丽、四季的风采。路途中，虫子们和它聊天，使它充分感受到世间的新奇；每一天它都慢慢行走，感受到阳光的温暖、大地的广阔。它一路上发现许多不同的碎片，但都不是自己那一块。它坚持找寻着……直到有一天，它找到了自己身体中的那部分。

然而，当它成了一个完整的圆后，它滚得太快了，以至于错过了花开的时节，听不到虫鸣鸟叫，看不到黑天白日……许多天后，它突然觉得自己这样下去生活没有意义，它总是不停地滚，停不下来。它失去了享受生命、欣赏生活的机会，最终它变得越来越不自信。终于有一天，它毅然放弃了历尽千辛万苦找回的那块碎片，又成了一个慢慢滚动的有缺角的圆。

这个故事告诉我们，人即使是生活在缺憾、不完美中，也要永存自信。自信是人立身处世的"法宝"，自信不会因为人是否完美、有无缺憾而丧失，自信来源于人坚强的性格和乐观的心态。实际上，人只要正确认识自己，相信自己，不用别人的判断来"扼杀"自己，自信就会建立起来。自信让人生变得更加美丽。

第二章

人生是一次次选择的结果

　　人的生命是有限的，时间却是在不断流逝的。不要把生命浪费在哀愁、沮丧与迷茫中。

　　人生是一次次选择的结果，好运不是"坐等"来的，要靠自己去争取；厄运是可以改变的，要靠自己去解决。

痛苦和快乐在于一念之间

有这样一个故事:

有位老太太找了一个油漆匠到家里粉刷墙壁。油漆匠一走进门,看到她的丈夫双目失明,顿时流露出怜悯的目光。可是男主人开朗乐观,油漆匠在那里工作的几天,他们谈得很投机,油漆匠也从未提起男主人的缺陷。

工作完毕,油漆匠取出账单,老太太发现比原来谈妥的价钱打了一个很大的折扣。她问油漆匠:"怎么少算这么多呢?"油漆匠回答说:"我跟您先生在一起觉得很快乐,他对人生的态度,使我觉得自己的境况还不算最坏。所以减去的那一部分,算是我对他表示的一点感谢,因为他使我不再把工作看得很辛苦!"

油漆匠对老太太的丈夫的推崇,使老太太流下了眼泪。因为这位慷慨的油漆匠,自己也只有一只手臂。

生活中,每个人都可能遇到这样或那样的不幸,诸如亲人不幸死亡、夫妻离异、朋友分手、自身患病等等,然而这一切的一切,要看你怎样对待,于你会不会构成致命的创伤。其实,人最致命的创伤来自于自己

的心灵深处，即是选择痛苦还是选择快乐，是选择乐观还是选择悲观。因此，换一个角度想问题，你就会知道痛苦是选择的结果，快乐也是选择的结果，幸福更是自己选择的结果、追求的结果。

一个少妇投河自尽，被正在河中划船的老艄公救上了船。

艄公问："你年纪轻轻的，为何寻短见？"

少妇哭诉道："我结婚五年，丈夫遗弃了我，接着孩子又不幸病死。你说，我活着还有什么乐趣？"

艄公问："五年前你是怎么过的？"

少妇说："那时候我自由自在，无忧无虑。"

艄公问："那时候你有丈夫和孩子吗？"

少妇说："没有。"

艄公问："那么，你不过是被命运之船送回到了五年前，现在你又自由自在，无忧无虑了。"

少妇听了艄公的话，心里顿时敞亮了，她告别艄公，跳上了岸。

一位哲人说过："人的心态就像磁铁，不论我们的思想是正面的还是负面的，我们都会受它的牵引。"而思想就像轮子一般，使我们朝特定的方向前进。人无法改变自己的出身、环境，但可以改变自己的态度，改变心境，选择积极心态，使思想的轮子拉着我们朝快乐的方向前进。

以乐观的态度对待不幸，不幸也就不那么可怕了；以快乐的心情取代痛苦，痛苦也就不会让人心碎了。痛苦和快乐、乐观和悲观完全在人的一念之间。

苦难是人生旅途中的"别样风景"

有人说：苦难是人生旅途上的一道"别样风景"，是走向幸福的推动力。任何人都会与苦难"握手"，很少人有着所谓的"一帆风顺"。

当你遇到苦难时，选择坚强的意志、奋发的精神，是对付"苦难"的有力武器。因为，坚强包含着坚定、坚忍、坚守、坚持，最简单的就是当苦难来临，要坚强地"活下去"，不被苦难击垮。

罗斯福于哈佛大学毕业后不久，便正式开始了政治生涯。他先是于1909年参加纽约州参议员竞选获胜；继而于1912年积极为威尔逊获得民主党总统候选人的提名和为威尔逊竞选总统出力奔走。威尔逊当选总统后，罗斯福被任命为海军助理部长。

1914年7月，第一次世界大战爆发，罗斯福与民主党支持的詹姆斯·杰拉尔德竞争联邦参议员职位，结果党内提名遭到失败。1917年，美国对德宣战，作为海军助理部长的罗斯福于1918年赴欧洲战场考察，目睹战争给人民造成的生命和财产损失，留下了终生难忘的印象。1920年，在总统选举中，罗斯福被任命为民主党副总统候选人，结果被共和党候选人柯立芝击败；同年，罗斯福回到纽约重操律师旧

业，暂时退出政坛，积蓄力量，准备东山再起。

正在此时，一场意外的大灾难降临到了罗斯福的头上。1921 年 8 月 10 日，他在他的海滨别墅扑灭了一场林火后，汗流浃背地跳入海中游泳，不幸患上了小儿麻痹症。一场严峻的考验摆在了 39 岁的罗斯福面前，它比生死的考验更为残酷，也更加让人难以忍受。

刚开始，罗斯福还竭力让自己相信病能够好转，但实际情况却是在不断恶化。他的两条腿完全不顶用了，瘫痪的症状在向上身蔓延。他的脖子僵直，双臂也失去了知觉。最后膀胱也暂时失去了控制，每天需导尿数次，每次都痛苦异常。他的背和腿也疼痛难忍。

卧床不起，事事都需别人照料，当医生正式宣布他患的是小儿麻痹症时，妻子埃莉诺几乎昏过去，而罗斯福只是苦笑了一下。

当母亲急匆匆来到罗斯福的床前时，他以微笑迎接母亲，还宽慰母亲说："妈妈，不用担心，一切都会好的。说真的，我实在想亲自到船上去接您呢。"

为了重新走路，罗斯福让人在草坪上架起了两根横杠，一条高些，一条低些。每天，他接连几个小时不停地在这两条横杠中间挪动身体。他给自己定的第一个目标是能走到离斯普林伍德 1/4 英里远的邮政街。每天，他都要拄着拐杖在公路上蹒跚着朝前走，争取比前一天多走几步。他还让人在床正上方的天花板上安装了两个吊环，他靠这两个吊环坚持锻炼。到第二年开春，他已经日见好转，甚至能够到楼下和孩子们玩，或者接见客人了。

1922 年，医生第一次给罗斯福安上了用皮革和钢制成的架子，这副架子他后来一直用着。

经过艰苦的锻炼，罗斯福的体力增强了。1922 年秋天，他重新回到病前任职的信托储蓄公司工作。

1924 年又是总统选举年。罗斯福决定出席民主党全国代表大会，以发出他本人重新返回政界的信息。在儿子的协助下，他撑着拐杖走上讲台，这时全场响起雷鸣般的掌声。罗斯福巧妙地控制着讲演的节奏，完全把听众吸引住了。他呼吁大家团结起来，还充满激情地号召大家："要牢记亚伯拉罕·林肯的话：'对任何人都不怀恶意，对所有的人都充满友善。'"

罗斯福最终赢得了这次选举，坐上了总统宝座。他的胜利在于他那非凡的毅力和超人的意志。苦难没有使他绝望，相反，他坚强地"站"了起来，"走"了出去，并最终得到了民众们的一致认可。

世界上，只有经受过苦难的人，才能懂得生命的宝贵，懂得人生的宝贵；只有经受过苦难的人，才能懂得平淡生活的意义，懂得和平的来之不易；只有经受过苦难的人，才能懂得自由的珍贵，懂得曾经拥有却不珍惜的可贵；只有经受过苦难的人，才会发奋努力，为自己赢得幸福的机会。

人在遇到苦难时，要保持心境不受外物左右，要心态积极；而在摆脱苦难时，尽管想"快"一些，也要让心"慢"下来，这样才能找到"苦尽甘来"的成功之法。

选择积极，"不幸"就会远离

有这样一个经典故事：

一个男人被一只老虎追赶，掉下悬崖，庆幸的是，在跌落过程中，他抓住了一棵生长在悬崖边的小灌木。此时，他发现，头顶上那只老虎正虎视眈眈地看着他，低头一看，悬崖底下还有一只老虎，更糟的是，两只老鼠正忙着啃咬悬着他抓住生命的小灌木的根须。绝望中，这个男人突然发现附近长着一簇野草莓，伸手可及。于是，他用另一只手摘下草莓，塞进嘴里，自言自语道："真甜啊！"

在生命进程中，当痛苦、绝望、危难等种种"不幸"向你逼近的时候，你是否能向上面故事中的那个男人一样，在危险包围中，享受一下"野草莓"的滋味？你是否还能理智地运用头脑？

第二次世界大战期间，一位名叫伊丽莎白·康黎的女士在庆祝盟军在北非获胜的那一天收到了一份电报，上面写着，她的侄儿，她最爱的一个人，死在了战场上。她无法接受这个事实，决定放弃工作，远离家乡，把自己永远埋在孤独和眼泪之中。

正当唐黎清理东西，准备辞职的时候，忽然，她发现了一封早年的信，那是她侄儿在她母亲去世时写给她的。信上这样写道："我知道你会撑过去。我永远不会忘记你曾教导我的：不论在哪里，都要勇敢地面对生活。我永远记着你的微笑，像男子汉那样能够承受一切的微笑。"唐黎把这封信读了一遍又一遍，似乎侄儿就在她身边，用一双炽热的眼睛望着她，问她："你为什么不照你教导我的去做？"

康黎打消了辞职的念头，一再对自己说："我应该把悲痛藏在微笑下面，选择继续生活，因为事情已经发生了，我没有能力改变它，但我有能力继续生活下去。"

人在遇到"不幸"时，心态是十分重要的，它是一个人沉沦下去还是依然微笑生活的重要关口。许多人迈不过"不幸"的这道"坎"，于是当面临各种"不幸"时，生病者有之，抱怨者有之，沉沦者有之，甚至自杀者有之。但是，真正的强者会选择振作，选择积极行动，于是，"不幸"会过去，新的生活会来到，阴天会被阳光重新取代，生命会焕发出新的光彩。

艾柯卡靠自己的奋斗当上了福特公司的总经理，但是在 1978 年 7 月 13 日，被大老板亨利·福特开除了。

在福特工作了 32 年，当了 8 年总经理，一帆风顺的艾柯卡突然间失业了。艾柯卡痛不欲生，开始酗酒，整日自怜自怨。他对自己失去了信心，认为自己彻底完了，要崩溃了。

就在这时，艾柯卡接受了一个新挑战——应聘到濒临破产的克莱斯勒汽车公司出任总经理。艾柯卡振奋起来，扔掉了酒瓶子。凭着他的经验、智慧、胆识和魅力，艾柯卡上任了。他大刀阔斧地对克莱斯勒进行

了整顿、改革，他向政府求援，舌战国会议员，取得了巨额贷款，重振企业雄风。

在艾柯卡的领导下，克莱斯勒公司在最黑暗的日子里推出了K型车的计划，此计划的成功令克莱斯勒起死回生，成为仅次于通用汽车公司、福特汽车公司的美国第三大汽车公司。

1983年7月13日，艾柯卡把面额高达8.13亿美元的支票交到银行代表手里，至此，克莱斯勒还清了所有债务。而恰恰是5年前的这一天，亨利·福特开除了他。事后，艾柯卡深有感触地说："奋力向前，哪怕时运不济；永不绝望，哪怕天崩地裂。"

"不幸像一把犁，它一面犁破了你的心，一面掘出了生命的新起源。"古人讲："不知生，焉知死？"引申到"不幸"上，就是人不知"不幸"，又怎能体会到"幸"呢？其实，要让自己幸福非常简单，那就是，在身处"不幸"时，懂得从"不幸"中求快乐，不让"不幸"成为生命的毒药，"幸"就会来到。

人的"幸"与"不幸"要辩证地看。当时运不济时，要奋力向前；当面临绝望时，要敢于面对、敢于挑战，哪怕天崩地裂；当一帆风顺，被幸运笼罩或幸福绕身时，要慎之又慎，分享幸福、幸运；当位高权重时，要居安思危，经常省观内心，时时校正自己航行的方向。

感谢人生中的"对手"

在生活中，爱一个值得自己爱的人，是一件相当容易的事；恨一个让自己恨的人，也是一件非常简单的事；难的是去爱自己的"对手"。

遇到"对手"，尤其是遇到针锋相对的"竞争对手"，我们往往会有恨不得把他立刻击翻在地的心态。这是因为，人对威胁到自己的东西，心里本能会产生一种抵抗心理。但是，在生活中，人不可能没有竞争"对手"，而有"对手"也不能说是坏事。很多时候，"对手"能让人不懈怠，努力奋发，更加有进取心。

一位动物学家对生活在非洲大草原奥兰治河两岸的羚羊群进行过研究。他发现东岸羚羊群的繁殖能力比西岸的羚羊强，奔跑速度也比西岸的羚羊每分钟快 13 米。而东西两岸羚羊的生存环境和属类都是相同的，饲料来源也一样。

于是，动物学家在东西两岸各抓了 10 只羚羊，把它们送往对岸。结果，送到东岸的 10 只羚羊一年后繁殖到 14 只，送到西岸的 10 只羚羊则变得体弱多病，最终只剩下 3 只。

实验结果证明：东岸的羚羊之所以强健，是因为在它们附近生活着

一个狼群；西岸的羚羊之所以弱小，正是因为缺少了这么一群"天敌"。没有"天敌"的动物往往最先灭绝，有"天敌"的动物则会逐步壮大。大自然中的这一现象在人类社会同样存在。"敌人"的力量会让受威胁的人发挥出巨大的潜能，创造出惊人的成绩。

今天，在社会的各个领域都充满了竞争，许多成功人士都是通过竞争而逐渐脱颖而出，成为自己所在领域的佼佼者的，他们具有常人所不具备的坚忍毅力，他们勇于拼搏，不断进取。

有些人在面对"竞争对手"时，不敢与对手"交锋"，或躲避逃离，或自甘失败，这都是不敢面对常态人生的错误举措，也是缺乏自信的典型表现。有"对手"是生活和事业的常态，俗话说：强中更有强中手。有些人在面对"竞争对手"时，常常哀怨自己命运不济，没有"贵人"帮扶，自甘失败，自认"倒霉"。然而"竞争机制的存在或引入，目的就是要优胜劣汰"，必然要求人具有更好的心理素质。事实证明，敢于挑战自我，勇于接受"对手"的挑战，是成功者必备的素质。

如果你已是一个成功者，那么，你只要仔细回想一下，就会发现真正促使你进步、成功的，不单是自己的能力，不单是朋友和亲人的鼓励，更多的时候，是你的"对手"激发了你的潜能，促使你不断发掘潜力，在巨大的生存压力下寻找到适合自己的生存方式。

生活中、事业中的"对手"虽然可能会伤害你，欺骗你，但是更会磨炼你的性格，激发你的心智，增长你的智慧，砥砺你的人格，增强你的意志，"对手"促使你更加勇往直前，自强不息。

"对手"无处不在，但打败你的不是"对手"，而是你自己。

相信"没有不可能"

如果你相信你能行，你就行；如果你相信你不行，别人再怎么说你行，你也会觉得自己不行。

拿破仑·希尔年轻的时候就想当一个作家。为了实现这个目标，他知道自己必须精于遣词造句，字词将是他写作的"工具"。但由于他小时候家里很穷，所接受的教育并不完整，因此，朋友就"善意"地告诉他，说他的作家梦是"不可能"实现的。

年轻的希尔存钱买了一本最好、最全、最漂亮的词典，他所需要的词都在这本词典里面，他决心完全了解和掌握这些词。但是他做了一件奇怪的事，他找到"不可能（impossible）"这个词，用小剪刀把它剪下来，然后丢掉，于是他有了一本没有"不可能"的字典。

以后，希尔把他整个的事业都建立在"可能"这个前提之上。他最终成为人类学家，成为一个事业有成的人。

世上没有什么"不可能"，即使有，也要经过尝试，没有尝试就下结论的人或根本不去尝试的人，永远享受不到最终"可能"的喜悦。

汤姆·邓普西就是将"不可能"变为"可能"的一个典型例子。

汤姆·邓普西生下来的时候，只有半只脚和一只畸形的右手。父母一直鼓励他，从来不让他因为自己的残疾而感到不安。结果，任何男孩能做的事，他也能做，如果童子军团行军 10 里，他也能同样走完 10 里。

后来汤姆要踢橄榄球，他发现，他能把球踢得比任何在一起玩的男孩子都远。他要人为他专门设计了一只鞋子，参加了踢球测验，并且得到了冲锋队的一份合约。

但是教练尽量婉转地告诉汤姆，说他"不具有做职业橄榄球员的条件"，让他去试试其他的事业。然而汤姆申请加入新奥尔良圣徒球队，并且请求给他一次机会。教练虽然心存怀疑，但是看到这个男孩这么自信，对他有了好感，因此就收下了他。

两个星期之后，教练对汤姆的好感更深，因为他在一次友谊赛中踢出 55 码远得分。这使他获得了专为圣徒队一队踢球的工作，而且在那一季中他为一队赢得了 99 分。那一次，球场上坐满了六万六千名球迷。球是在 28 码线上，比赛只剩下几秒钟，球队把球推进到 45 码线上，但是可以说根本就没有时间了。

"邓普西，进场踢球。"教练大声喊道。

当汤姆进场的时候，他知道他的队距离得分线有 55 码远，是由巴第摩尔雄马队毕特·瑞奇踢出来的。

球传接得很好，汤姆一脚全力踢在球身上，球笔直地前进。但是踢得够远吗？六万六千名球迷屏住气观看，接着终端得分线上的裁判举起了双手，表示得了 3 分，球在球门横杆之上几英寸的地方越过，汤姆的球队以 19 比 17 获胜。

球迷们狂呼乱叫，为踢得最远的一球而兴奋，这是只有半只脚和一只畸形的手的球员踢出来的！

"真是难以相信。"有人大声叫道，但是汤姆·邓普西只是微笑。他想起他的父母，他们一直告诉他的是他能做什么，而不是他不能做什么。他之所以创造出这么了不起的记录，正如他自己说的："他们从来没有告诉我，我有什么不能做的。"

永远不要在做之前就消极地认定事情会有"不可能"出现。首先，你要认为"可能"，然后去尝试，最后你就会发现事情不仅"有可能"，而且确实"能"。

汤姆·邓普西作为一名职业球员如此，经营企业的管理者更是如此，日本"经营之神"松下幸之助也是一个把"不可能"变为"可能"的人。他说："一个人在面临困难的时候，逃避不是办法，只有鼓起勇气予以解决才是最重要的。"

1961 年，松下幸之助到松下通信工业去，他们正好在开会。

松下问他们："今天开的什么会？"

有人苦着脸说："丰田汽车要求大幅度降价。"

原来，丰田要求从松下通信购买的汽车收音机的价钱自即日起降低5％，半年后再降15％，总共降价20％。丰田这种要求所持的理由是：面临贸易自由化，与美国等汽车业竞争的结果，日本车售价偏高，难以生存。丰田为了降低售价提高竞争力起见，希望供应汽车收音机的松下通信工业也降价20％。

在了解情况之后，松下问："目前我们的利润如何？"

"大约只赚3%而已。"

"才这么一点？3%实在少了一些。在这种情况下还要降20%，那怎么得了!"

"就是因为这样大家才开会研究。"

会议是要开的，不过松下想这个问题恐怕没有那么容易解决。目前也不过才赚3%，如果再降20%，那岂不是要亏17%？就一般常识而言，这种生意根本不能做。

所以松下指示大家说："在性能不可以降低、对设计必须考虑对方需要这两个先决条件下，大家不妨设法全面更新设计。最好是不仅能够降低成本20%，而且还要有一点适当的利润才可以。当然，在大家完成新设计之前，亏了本也是无可奈何的事情。这不光是为了降价给丰田，而且关系到整个日本产业的维持及发展问题，无论如何是非做不可的，希望诸位能够努力完成任务。"

一年后，松下又问到有关这件事情进行的情况，结果松下通信不仅做到了如丰田所希望的价格，而且还能获得适当的利润。这可以说是因大幅度降价压力而激发出来的一次成功的产品革命。后来松下幸之助说，这才是一种正确经营事业的态度。

由此，松下幸之助总结道："不管是经营事业也好，做其他事情也好，只要是抱着'这根本不可能办到'的想法，我想任何事情永远都不会成功。反之，碰到事情总是想'应该可以办到，问题只是要如何去做而已'这样的话，很多困难的工作乍看似乎不大可能解决，结果却做成功了。"

世界上有不少事情都是因为个人的努力不懈才获得良好成果的。因此，当你下决心做事情的时候，应选择坚持"做一做"，这样"不可能"也许就成了"可能"。世界上没有什么"不可能"，除非自己给自己套上"枷锁"。人生最怕自己困住自己，成与败之间往往也只有一步之遥。开动脑筋去思考，换一种角度，就可以把"不可能"变为"可能"。

对于生活的强者来说，"不可能"不会成为前进的阻力，相反，会成为他们奋发图强、走向成功的动力。人与其为"不可能"而悲观沮丧，自怨自怜，不如变"不可能"为动力，使"不可能"走向"可能"。敢想敢做也许就可以走出一片通途。

求人不如求己

人生在世，遇到难解的问题、麻烦、困难等，不同的人，态度会截然不同。有的人愿意乞怜，有的人自暴自弃，有的人习惯诉苦，有的人则奋力自救。你选择了怎样的态度，也就选择了你最终的结果。

愿意乞怜之人只会让他人"怒其不争"。

习惯诉苦之人只会暂时博得他人同情，但从内心已让自己矮了一截。

自暴自弃更是下下之策。这样的人，从此，人生陷入低谷，再没有机会奋发。

求人不如求己，勇于抗争、奋力自救是人摆脱困境的唯一方法。求得自己，才能求得海阔天空的生存空间。别人只能帮一时，只有自己才会永远帮自己。

一个名叫保罗的小伙子从祖父手中继承了一个森林庄园，可是，没过多久，一场雷电引发的山火就将森林庄园化为灰烬。面对满园焦黑的树桩，保罗感受到了从未有过的绝望。年轻的保罗不甘心百年基业毁于一旦，决心倾其所有也要修复庄园，于是他向银行提交了贷款申请，但银行无情地拒绝了他。接下来，他四处求亲告友，依然是一无所获。

所有可能的办法保罗都试过了，却始终找不到一个好方法。保罗的心在无尽的黑暗中挣扎。他知道，自己以后再也看不到那郁郁葱葱的树林了。为此，他闭门不出，茶饭不思，日渐消沉，他甚至后悔当初从爷爷手中继承这份遗产，让祖辈创业得来的成果付之一炬。

一个多月过去了，保罗的外祖母获悉此事，把他找到家里，意味深长地对他说："小伙子，庄园成了废墟并不可怕，可怕的是你的眼睛失去了光泽，一天天地老去。一双老去的眼睛，怎么可能看得见希望呢？"

保罗在外祖母的劝说下，从家里走出去，走上了深秋的街道。他漫无目的地闲逛着，在一条街道的拐角处，忽然看见一家店铺的门前人头攒动，他下意识地走了过去。原来，是一些家庭妇女正在排队买木炭。那一块块躺在纸箱里的木炭忽然让保罗眼睛一亮，他看到了一线希望。

在接下来的两个多星期里，保罗雇用了几名烧炭工，将庄园里烧焦的树加工成优质的木炭，分装成箱，送到集市上的木炭经销店售卖，结果，木炭被一抢而空，保罗因此得到了一笔不菲的收入。

不久，保罗用这笔收入购买了一批新树苗，几年后，一个新的庄园出现了。又是几年以后，森林庄园渐渐恢复了它原有的生态。

每个人都有身处困境的时候，这时，与其悲伤流泪，自怨自责，不如就自己现有的条件去慢慢调整，发现生机，这样一旦机会来临，自己也就有了足够的条件去发展，境遇自然会好转。

人的命运掌握在自己手中，遇到困境时，千万不要泄气，不要绝望，要坚持挺下去，要不断告诉自己，困境马上就要过去，光明一定会到来。

每个困境里面都有正面的、可利用的价值，抓住它，就会抓住超越自我、摆脱困境的契机。

人生不是一条笔直的大道，而是一条曲折漫长的征途，有高山，有峡谷，有沙漠，有大河。"天行健，君子以自强不息"是《易经》中的话，即天上的明月星辰不分昼夜地运动，所以天是刚健的，人应该效法天，自强不息，积极进取。求人不如求己，人的命运永远掌握在自己的手里，而不是掌握在他人手中，也不因他物而改变。

生命的价值胜过一切

世界上最珍贵的东西不是金银珠宝，不是权势地位，而是生命。

我们每个人都应该学会保有自己生命的价值，并且使之增值。因为，生命的价值不依赖于我们的过去、未来，也不仰仗于其他人、物，而是取决于我们自己和现在。

一天，一位著名的演说家被邀请到大学给学生们演讲。这位演说家上台没有说一句开场白，他手里拿着一张100元的钞票，对在座的400多名学生说："我愿意把这100元给你们其中的任何一位留作纪念，没有别的意思，要的请举手！"

一只只手争先恐后地举了起来。"有钱做纪念，谁会不要，又不用我们做坏事！"几乎所有的学生都举起了手。

演说家接着说："但在这之前，请准许我做一件事。"说着，他将钞票揉成一团，然后展开，钞票当然皱了。演说家接着问："谁还要？"

下面仍然有高高举起来的手。

演说家又说："大家再看看，我这样做！"说着，他把钞票扔到地上，

又踏上一只脚用力碾。展开后的钞票沾满了灰尘，还有很多破损的地方。"现在还有谁要？"

下面还是有人举起手来。

"如果这样呢？"演说家毅然决然地把钞票撕成了两半，然后用胶条粘住，"还有人要吗？"

下面还是有零零星星的几只手举起来。

"要钱的同学，这钱已经被毁成这样了，再也不会像开始时那么新了，你为什么还要它呢？"演说家问其中一位举手的学生。

那位学生说："虽然它现在又脏又破，但是它还能用，并没有因脏、破而贬值。只要它还有价值，为什么要因为它以前遭到过破坏而鄙弃它呢？"

"你说得太好了，这也正是我想说的。"演说家激动地说，"不管这张钞票曾经经历过怎样的破坏，也不管它现在多么脏多么破，但是它不仅没有因此变得一文不值，相反仍然保有它固定的价值。人也是一样，也许你曾经因为各种打击、各种过错、各种困境而跌入人生低谷，甚至觉得自己体无完肤、一无是处、伤痕累累。但是，我请求你们不要让自己进入没有信心这种状况，因为只要你们保有自己的生命价值，你们就仍然是世间最宝贵的。"

钱不会因为表面的磨损脏破而失去它的价值：一张破损的 100 元和一张崭新的 100 元的价值在本质上是一样的。同样，人也不会因为曾经的失意或失败而失去本身追求幸福的生命的价值。

一个人对待自己的生命，要珍惜再珍惜。一切权势、珠宝、别墅、金钱等身外之物都抵不过生命的价值，生命的价值胜过世间一切。因此，人依靠自己，相信自己，就会拥有生存的巨大能量，而与自己过不去，轻视自己，鄙视自己，则会是悲剧产生的根源所在。

　　生命绝不因为受过打击、受过挫折，抑或生活潦倒而贬值，只要活着，生命终有绽放其绚丽的时刻。

自己的事自己做主

人的一生总会面临各种各样的选择。当你在进行选择的时候，一定要十分慎重，因为选择可能关系到你未来的命运。

有一个叫白云的女孩，她在选择职业的时候，和父母有很大的分歧。白云从小喜爱文学，在这方面小有才气，已经陆续发表了不少文章。她想去报社、出版社应聘。可是父母不同意，他们认为，文学作为业余爱好可以，如果以此为职业，风险性大，工作既清贫又没地位；况且，白云学的是金融专业，应去银行应聘，白云有竞争的实力，银行收入也高，且接触的不是银行家就是企业老板。

父母商定后，对白云说："你还小，满脑子幼稚的想法。我们见多识广，听我们的没错。"白云拗不过父母，只好勉强同意了。

后来，白云应聘进了银行。但是银行压力大，上班时间久，白云经常出错，没过多久，就被连连警告，一年后，白云选择了辞职。

任何人都只能给你建议，不能为你的人生负责，因为他们无法代替你去生活。美国思想家爱默生说："做你自己，就是你存在的意义。"

每个人在选择时都要明白，自己的事自己做主，想一想自己到底要什么，自己的选择观点正不正确。在做决定时，别人的意见要听取，但不应"照单全收"，也不应屈从他人，更不要被他人左右，而是要慎重地思考自身的能力，然后由自己做出判断和选择，这才是对自己的选择负责。即便你因听了他人的意见而走错了路，也不要将问题归罪于他人。因为只有你自己才能决定是否采纳他们的意见，所以该负责任的仍然是你。

实际上，将自己任何不对的事都归罪于他人，这是一种不负责任的态度，客观上又将解决问题和做出下一个选择的权力交给了别人。自己的问题最终得由自己解决。因此，人只有承担起对自己的全部责任，才能够把选择做得更好，才是为自己做选择。

人做任何事，都要想到是"为自己而做"，就像工作是"为自己而工作"，而不是为老板、为他人去做工作。生活也是一样，更是"为自己而活"。因此，忠于自己，一切从内心出发，为自己而工作，为自己而生活，为自己的梦想而不断追求，是人一生应该做的事。要永远记住：生命是属于自己的，生命的可贵之处就在于做你自己。

立即行动是成功的关键

生活中，目标就像指南针，指引人们不断前行。然而，有些人永远在制定目标，却行动滞后，或者，即使行动，遇到困难也会退缩；而有些人在明确了目标后，果敢地行动，并坚持不懈地朝着目标前行，无论途中出现什么问题，该解决解决，该借力借力，该绕道绕道，最终达到自己的目标。

比尔·盖茨中学毕业的时候，父母对他说："哈佛大学是美国高等学府中历史最悠久的大学之一，是一个充满魅力的地方，是成功、权力、影响、伟大等等的象征和集中体现。你必须读一所大学，而哈佛是最好的，它对你的一生都会有好处。"

盖茨听从了父母的劝告，进了美国最著名的哈佛大学。当时他报的是法律专业，但他其实并不想继承父业去当一名律师。盖茨在哈佛既读本科又读研究生课程，但他真正的兴趣依然在电脑上。

没过多久，盖茨在心里萌生了一个念头——退学。他曾同朋友分析当时的形势："电脑很快就会像电视机一样进入千家万户，而这些不计其数的电脑都会需要软件，我们如果现在开始做，无疑会成为领先的起跑者，最后的胜利肯定是属于我们的，我一定要创办自己的软件公司。"

盖茨已经有了自己的想法，并有了明确的计划和打算。终于，他在大学二年级的时候，向父母说了他一直想说的话："我要退学！"

他的父母听了非常吃惊，但无法说服盖茨改变主意。于是，他们请了一位受人尊敬的商业界领袖去说服盖茨。

盖茨在同这位商业领袖会面的过程中，滔滔不绝地向他讲述自己的梦想、希望和正在着手做的一切。盖茨审时度势的分析让这位商业领袖不知不觉地都被感染了，仿佛又回到了自己当年白手起家的创业时代。他忘记了自己的使命，反而鼓励盖茨："你已经看到了一个新纪元的开始，而且正在开创一个伟大的时刻。好好干吧，小伙子。"

父母无奈，只得同意了盖茨的要求。从此，盖茨一心一意地投身于自己的电脑软件领域中。后来，他真的在梦想成真的成功之路上，开创了世界瞩目的成绩。

盖茨审时度势地分析了当时的形势，权衡利弊，勇于放弃读哈佛大学的机会，而去搞自己有兴趣的软件，说明了目标对他的巨大影响。

行动是实现目标的手段。一个人只有真正去做了，才能用事实证明自己的能力；而当你只是说"我知道我能做"时，仅仅证明你认为自己具有能力。因此，努力去做是一个人在目标制定后选择的最重要的行动。

如今的社会，有人是行动家，有人是梦想家，但行动家要忌盲目行动。不加思考、盲目行动的做法是不可取的；光有梦想，而不行动或迟于行动的做法也是不可取的。一千个好想法不如一次有目的的行动，成功都是实干出来的。

美国海岸警卫队有一名厨师，十分热爱写作，总想在写作上取得成绩。他自确立了目标开始，就时刻记得行动是第一位的。

这名厨师在空余时间里，代同事们写情书，写了一段时间以后，他给自己订立了一个目标：用两到三年的时间写一部长篇小说。为了实现这一目标，每天晚上，大家出去娱乐时，他就待在屋子里不停地写啊写。

这样整整写了 8 年以后，这名厨师终于第一次发表了自己的作品，可那只是一个小小的"豆腐块"而已，稿酬也只不过是 100 美元。可他并没有灰心，相反，他继续写作下去的决心更大了。

虽然每次稿费都没有多少，但这名厨师仍然锲而不舍地写着。朋友们见他实在太穷了，就给他介绍了一份到政府部门工作的差事。可是他却拒绝了，他说："我要当一名作家，我必须不停地写作。"

又经过了几年的努力，这名厨师终于写出了他预想中的那部小说。为了这部小说，他花费了整整 12 年的时间，忍受了常人难以承受的艰难困苦。由于不停地写作，他的手指已经变形，他的视力也下降了许多。然而，他成功了！小说出版后立刻引起了巨大轰动，仅在美国就发行了 160 万册精装本和 370 万册平装本。

这部小说还被改编成电视连续剧，观众超过 1.3 亿人，创下电视收视率历史最高纪录。这名厨师的名字叫哈里，后来他获得了普利策奖，收入一下子超过 500 万美元。他的成名之作就是我们今天经常读到的世界文学名著——《根》。

"取得成功的唯一途径就是'立刻行动'，努力奋斗吧，并且对自己的目标深信不疑。"哈里说。

该行动时就行动，立即行动是做事成功的关键。没有行动，就不知自己能力大小；不敢行动，对自己的能力就没有把握。没有行动，一旦碰到问题或重大事情，就会顾虑重重，没有勇气。很多时候，相信自己行，自己一定能行；不相信自己行，行动没开始就已经失败了。"行动"如同思想的"两足"，没有它们，"思想"哪儿也去不了。

人生没有大小事

　　每个人一生都在做事，事有大有小，不做小事专做大事的人，有，但少之又少，因为做大事需要有做小事打下的基础。而绝大多数人做的都是小事、平凡的事。

　　荀子说："不积小流，无以成江海；不积跬步，无以至千里。"成功不是一蹴而就的，有些人表面上看一鸣惊人、一飞冲天，但是，在其光鲜成功的背后隐藏着不为人知的努力和勤奋。每个人做事都是一步步开始，不断克服难以忍受的困难，最终走向成功的。

　　在美国第一个黑人国务卿鲍威尔的个人传记中，记载着这样一个故事：鲍威尔开始的第一份工作是在一个大公司当清洁工，因为他是黑人，公司里只有这样一份工作可做，但是鲍威尔对待清洁工作非常认真，快乐对待，并且摸索到了一种拖地的姿势，拖得又干净又快，还不累。

　　对这份"低级"的工作，鲍威尔却乐此不疲，他不断积累清洁的经验，凡是经他手的清洁，总是效率高、质量高，公司老板经过观察后，认定他是个人才，破例提升了他。

　　多年后，鲍威尔在写自传的时候，总结自己的经验就是：认真对待自己的每项工作，哪怕是微小的事情。

亚洲首富李嘉诚曾这样忠告年轻人：即使本来有一百的力量足以成事，也要储备二百的力量去"攻"，而不是随便去"赌"。

有一个年轻人，他最早只是一家旅店的服务员。有一天很晚的时候，有一对老夫妇来住宿，但房间已满。看天色已晚，这位年轻的服务员不忍心让老夫妇再继续奔波劳顿寻找旅馆，他迅速将自己的房间更换好寝具，将老夫妇安顿下来，自己则趴在柜台上睡了一夜。

第二天一早，老夫妇看到疲倦的年轻人很过意不去，而年轻人依然彬彬有礼地关心两位老人睡得是否舒服。老夫妇十分感动，认为这个年轻人很善良。年轻人本来只是本本分分地做好自己的工作，绝对没有想到这对老夫妇竟然拥有庞大的希尔顿酒店产业，后来这对老夫妇选定年轻人做了希尔顿家族的接班人。

"万丈高楼平地起"，任何一幢高楼大厦都是一砖一石砌起来的。一个人要想使自己的人生有所发展、有所突破、有所成就，就要从零开始，一点点夯实自己的基础，对待任何工作、任何机遇，都要有百分之百的努力，不计较工作的优劣，不计较机遇的有无，不比较事情的大小。人生没有一步登天的神话，只有摒弃眼高手低、好高骛远，做到扎实苦干、循序渐进，才能积累实力，最终在平凡中寻找到成长的支点，一鸣惊人，实现人生梦想。

许多年前，一个年轻女子来到东京帝国酒店应聘，得到一份服务员的工作。这是她涉世之初的第一份工作，她暗下决心：一定要好好干！可没想到，上司却安排她洗厕所！

　　在刚听到这一安排时，她忍不住怀疑自己的耳朵，因为她认为自己是个有才能的人，洗厕所是大材小用。何况她从未干过如此粗重的活，她又喜爱洁净，干得了吗？当她用自己白皙细嫩的手拿着抹布伸向马桶时，胃里立马翻江倒海，恶心得几乎呕吐出来。她认为，自己不适合洗厕所这一工作。因此，她陷入困惑、苦恼之中，也哭过鼻子。她想过要另谋职业，但她不甘心就这样败下阵来，因为她想起了自己初来时曾下的决心：第一步一定要走好，马虎不得。

　　就在这时，她的生命中出现了一位"贵人"，是宾馆中一位洗马桶的前辈，他帮助她认清了人生之路应该如何走。他当着她的面，亲自一遍遍地擦洗着马桶，直到把马桶擦洗得光洁如新，然后，他竟然从马桶里盛了一杯水，一饮而尽！

　　实际行动胜过万语千言，这位前辈不用一言一语就告诉了年轻女子一个极为朴素、极为简单的真理：你的服务要达到这样的标准，那就算成功了。年轻女子的心灵受到了深深的震撼。她热泪盈眶，恍然大悟，并痛下决心："就算一生洗厕所，也要做一个洗厕所最出色的人！"

　　从此，她焕然一新，工作质量也达到了那位前辈的水平，当然她也多次喝过马桶水，是为了检验自己的自信心，是为了证实自己的工作质量，也是为了强化自己的敬业心。她很漂亮地迈好了人生的第一步，自此开始了她不断走向成功的人生历程。

　　她就是后来成为日本邮政大臣的野田圣子。

　　许多人一心只想做大事，只想轰轰烈烈、出人头地，享受成功时的花团锦簇、众星捧月时的无限风光。但成功者的人生经历告诉我们：不负责、不用心、不认真地做好每一件小事，所谓的大事业就是一句空话。

生活中有许多人总是感叹自己生不逢时，怀才不遇，得不到重视，不受重用，只能做些不相干的小事、俗事、粗事，不能施展才华。其实，大事能造就成功，平凡小事也能造就成功。

志当存高远，每个人心中都有成就一番事业的鸿鹄大志，但是要知道，实现自己的梦想，需要有牢固的基础。选择得对并不代表目标就能实现；有机会，也不见得就能干成事。人只有从一点一滴的小事做起，才能厚积薄发。做事不分大小，关键是有无做事的正确态度。

人只要秉承小事不小、大事不大的理念，就能做好每一件事。人做事时一定要竭尽全力，力求完美，把"差不多""还可以"抛诸脑后。人生没有大小事之分，小事上一丝不苟的人，才有资格做大事。

第三章

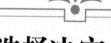

选择决定命运

　　人的一生总会面临各种各样的选择。当你进行选择时，一定要十分慎重，因为选择会关系到你未来的命运。

　　每个人都是自己生命的导演，只有真正懂得正确选择的人，才能创造出精彩的人生，才能看到天地间最美的风景。

把"不"抛到脑后

有些人对他人坚持自己梦想的做法总是持一种鄙夷、不屑的态度，但实际上每个人从童年到老年，谁都无法放弃对梦想的追求。

如今，多数人喜欢谈论梦想，却没有多少人真正做到对追求梦想坚持不懈、全力以赴。很多人说了一辈子自己的梦想，却因为迟于行动或不行动，结果到老都未实现自身的梦想，只能"白了少年头，空悲切"。

有个小孩无意间发现一颗老鹰蛋，他一时兴起，将这颗蛋带回家中，放在母鸡的窝里，看能不能孵出小鹰来。

果然如小孩期望的那样，那颗蛋孵出了一只小鹰。小鹰跟着它同窝的小鸡一起长大，每天在院子里追逐主人饲喂的谷粒，一直以为自己也是只小鸡。

有一天，一只雄伟的老鹰俯冲而下，母鸡焦急地咯咯大叫，召唤小鸡们赶紧躲回鸡舍。慌乱之际，小鹰也和小鸡一样，躲进鸡舍。

经过这次事件后，小鹰每次看见远处天空中盘旋的老鹰的身影，总是不禁喃喃自语："我若是能像老鹰那样，自由地在天上翱翔，不知该有多好。"

而一旁的小鸡听到后会提醒它:"别傻了,你只不过是只鸡,长得有点特殊的鸡,你是不可能高飞的,别做那种白日梦了吧。"

小鹰想想也对,自己不过是只小鸡,也就不再去想,仍和其他小鸡一样每天做着日常之事。

直到有一天,小孩的家人看到长大的小鹰和鸡不一样,便兴致勃勃要教会小鹰飞翔。小孩认为小鹰的翅膀已经退化,劝父亲打消这个念头。

父亲却不这么想,他将小鹰带到自家的屋顶上,认为从高处将小鹰掷下,它自然会展翅高飞。不料,小鹰只是轻拍了几下翅膀,便落到鸡群当中,又和小鸡们一起四处找寻食物。

父亲仍不死心,再次带着小鹰爬到村内最高的树上,扔下小鹰。小鹰害怕之余,本能地张开翅膀,飞了一段。它看见地上的小鸡们正忙着找寻谷粒,便立时飞了下来,又加入鸡群中争食,再也不肯飞了。

在大家的嘲笑声中,父亲再次将小鹰带上高处的悬崖。父亲手一松开,小鹰居然展开宽阔的翅膀,飞了起来,翱翔于天际。

每个人都有梦想,但往往在周围人一句句"怎么可能""不可能"的声音中,放弃了梦想,甚至连博一下都不敢博,更不要说坚持不懈去行动了。

"不"字很容易从人们嘴里说出来,像"我不行""我不能""做不了""不敢做"等等,都是人们惯常的心理活动反映到嘴上的表现。的确,人不能冲动、冒进、莽撞地做事,也确实不能自不量力去做事。但是一个人如果思维方式总固守在"不""不行""不能够""不敢"等上面,希图安于现状,就是眼光不够长远,也做不成大事。

有些人自身条件不好，或遭遇坎坷，或因其他不如意的条件促成自己境遇不佳，这些都是人生常态，如果此时再说什么"不"，那就真的改变不了境况，改变不了人生了。

因此，一个人如果想脱离"不"字的影响，或期望"不如意"的情况和得到改善，那就把"不"字抛到脑后吧，把"努力去做"放到第一位，这样才能不断地向前。

或许在我们的人生中有无数的困难、障碍，它们都是必然存在或不容忽视的阻力，但只要你拥有真正的自信，你就能够勇敢、坚强地面对不如意的境况或棘手的难局。"不"字像一条捆住你的绳索，越说"不"，绳索就会越多绕，你就越挣脱不开。把"不"字从心里扔掉吧，你会发现少了束缚，你的力量就会多了几分。

成功靠自己

人生路上，阻碍成功的主要障碍不是那些"绊脚石"，像自身能力低、水平有限、没有"贵人"帮扶、不"幸运"等等，而是没有足够的信心，不敢去做。

人一定要依靠自身去取得成功，即依靠自己的努力和奋斗；依赖他人，把希望寄托在他人的帮助上，或者依附他人生活，难以取得真正的成功。况且，任何人也不可能长期去帮助一个人成功，或者给一个人提供各种条件助其成功。短暂的、偶尔的、适度的外界帮助是正常的，但长期依赖他人的人，只能收获转瞬即逝的惊喜和侥幸的快乐，他们永远体会不到自立者成功时的喜悦和其身上焕发出的生机和热情。

琼斯的工厂破产了，他成了一个名副其实的"无产者"。他穷困潦倒、衣着脏乱，到处找工作，然而人们看到他，都避而远之。面对残酷的现实，琼斯沮丧极了，甚至想以自杀结束自己所有的痛苦和烦恼。

一天，琼斯去见牧师，流着泪讲述自己的悲惨遭遇，他诚恳地说："牧师，你能为我指点迷津吗？我真的很想东山再起啊！"

牧师看了看落魄的琼斯，沉默了一会儿说："这个世界上只有一个人能帮助你……"

琼斯激动地问："他是谁？他在哪儿？"

"跟我来！"牧师带着琼斯来到一面大镜子前，然后用手指着镜子里的琼斯说："就是这个人，只有他能帮助你东山再起！你先好好认识认识这个人吧！"

琼斯呆呆地看着镜子里的自己，一张没有精神、没有笑容、僵硬的脸，浑身上下脏、旧、破的衣裳。

"这是我吗？"琼斯不由自主地捂住脸，走开了。

几年后，琼斯又来见牧师，这次他步伐轻快有力，双目坚定有神，衣着简朴但干净整洁。他对牧师说："当年是您教我认识到，只有依靠自己和相信自己才能找到出路。我借钱洗了澡，买了简单便宜干净的衣服，找到了一份做苦力的工作，后来我又用三年积攒的钱开了一家公司，现在我的事业比最初发展得还要好。"

"自助者，天助也。"一个完全丧失自信的人，没有人能帮得了他。人只有扬起自信的风帆，咬紧牙关，努力再努力，才能拯救自己于危难之中。

生活中，许多经历过大大小小失败的人总喜欢为自己找寻理由和借口，他们把自己的失意、失败全都归于命运不好、时机不适、没有"贵人"相帮、没有显赫背景等等。他们认为那些成功者都命运奇佳，"运气"奇好，有"贵人"帮扶，成功就像天下的"馅饼"，"准确无误"掉落到那些人头上。

　　还有些失意者、失败者为了摆脱困境采取"试试看"的态度，他们东做一下，西做一下，好像也尽了一些努力，但实质上这种怀疑自己能力的心理，必然会引出各种理由来使得他们不相信自己能摆脱困境。怀疑、不相信、潜意识里的失败的倾向，往往是最终未能改变他们失意、失败境遇的主要原因。

　　实际上，生活上和事业中，很多恐惧、担心、"不可能"之类的事都是由人的内心想象出来的。很多时候，人之所以害怕自己没有能力完成一件想做的事，仅仅是因为不敢去尝试，或在尝试路上受了挫折。

　　人一定要依靠自己去取得成功，要相信自己能够成功。"天下不会掉馅饼"，世上没有免费的午餐。一个人成就的大小始终与其付出的心血成正比。一分劳动，一分收获，日积月累，积少成多，奇迹就会被创造出来。说得再多，想得再好，都不如付诸行动。成功是人实干出来的，而不是"说出来""想出来""靠出来"的。

勇敢接受每一次挑战

对于每一个不甘心碌碌而为的人而言，在安逸与挑战之间，他们往往选择后者。他们知道挑战会有风险，但他们更相信挑战会带来机遇，会改变生活。而有些人惧怕挑战，不敢去面对挑战，这是因为他们自信心不足，害怕失去现有的一切。

其实，勇敢是人的一种好品质，是成功的重要因素，它区别于盲目、冲动、不计后果等行为。勇敢是指有理性的、有目的的、有信心的果敢行为。勇敢地接受挑战是强者改变处境、奋发向上的方式。

摩洛在 19 岁时，随家人移居到纽约。他做过多种工作，到了 20 岁时，决定自主创业，从事创意开发工作。他的工作主要是说服各大百货公司通过 CBS 电视公司成为纽约交响乐节日共同赞助人。当时许多人并不看好他，尽管如此，摩洛仍然十分卖力地奔波于各地进行说服工作。

结果，在说服工作上摩洛做得相当成功。一方面，他的创意大受欢迎，与多家百货公司签成合约。另一方面，他向 CBS 电台提出的策划方案也被顺利接受。此后，他干劲十足地与电视台经理一同展开一连串的

系列广告活动。当然，这段时间内他没有任何收入。

眼看着计划就要步入最后的成功阶段，没有料到的事发生了，计划由于合约内某些细节未能达成而终告流产，摩洛的梦想也随之破灭。此事结束之后，CBS公司却聘请摩洛为纽约办事处销售业务部门的负责人，他们认为摩洛在没有任何收入的前提下敢于挑战从来没做过的事，这种精神值得赞扬，他们支付给他高出以往3倍的薪水，激励摩洛的潜力得以继续发挥。

在CBS服务了几年之后，摩洛回到广告业界工作，还担任了承包华纳影片公司业务的汤普生智囊公司的副总经理。

在那个时代，电视尚未普及，但摩洛非常看好它的远景，认为电视必将快速发展，大有可为。于是，他专心致力于这种传播媒体的推广，最后为CBS公司带来空前的巨大成功。

人应该勇敢地接受生命中的每一次挑战，积极把握命运带来的机遇。

人的一生，要经历许多风险。经受住了考验，人就能大踏步前行；经受不住考验，人有时就会跌入深谷，甚至爬不上来。人生路上的风险是在所难免的，人想干一番事业，勇气是十分重要的。不敢接受风险，不敢挑战，或遇风险全身而退，是不自信的表现，而敢于尝试风险，敢于重新开始，不仅会激发人内在的潜力，磨炼人的意志、性情和耐力，还能教会人重新认识自己，认识生活。

许多人之所以成就伟业，与他们敢于接受挑战、勇于超越命运所带来的困境有很大关系。俗话说，危机就是转机。生命中有太多勇于挑战的事，不经历风雨，怎能见彩虹。

挑战是新的开始，也是旧的延续，勇敢地接受挑战会使生命焕发新的生机。勇敢不是鲁莽，不是不动脑筋地"傻冲傻干"；勇敢是集勇气、信心、智慧于一身，是事业成功的坚强保证。

告诉自己一定能赢

心理学家艾琳卡曾说："如果一个人有很强的自信心的话，那么，坚持下去，他一定能成功。"以下是艾琳卡总结的建立自信的 6 个步骤。她认为，不论你现有的自信度如何，只要按此步骤去做，你就会增加自信心去面对生活中的每次挑战，你就能告诉自己一定会赢。

第一步：告诉自己，一定要实现目标！

大多数人即使确立了目标，却由于做事不能坚持，遇困难便随意放弃，所以也就缺乏实现目标的耐心，再加上经常给自己找借口，像嘴上经常挂这么一句"我做不到"等，所以他们不能成功。

人想要拥有自信，必须时刻牢记实现目标的信念，抱着半途而废的心理的人绝不可能产生自信，也不会是能实现目标的人。

第二步：要有做就做到最好的准备。

有句话说："不想当将军的士兵不是好士兵。"人做事一定要有做到最好的心理。如果凡事得过且过，求稳，求无所谓，那么事业就不会有长足的发展，人生也就不会有辉煌的时刻。做到最好，不仅仅是提升自己各方面的才华，同时还能唤醒自身"沉睡"的"潜能"，提高自己做事的效率。

第三步：把重心放在自己的长处上。

有成就的人都知道把精力放在自己最擅长的地方。经营长处，不仅使自己免于探索的过程，同时还能清醒地认识自己，学会专心致志地对待事情。

当一个人集中精力去做事情时，他的自信心也会增强。林肯本可以成为一名一流的律师，但他选择了做政治家。他认为他能在历史上写下新的一章，他认为他有政治的天赋，因此他决心以毕生的精力来完成这个使命，他确实也做到了。这就是正确认识自己、经营自己长处的范例。

第四步：要从错误和失败中汲取教训。

"我们浪费了太多的时间，"一位年轻的助手对爱迪生说，"我们已经试验了2万次了，但仍然没找到可以做白炽灯丝的物质！"

"不！"爱迪生回答说，"我们已知有2万种不能当白炽灯丝的物质。"

从错误和失败中汲取教训，能更快地探索到成功的捷径。爱迪生不怕失败的精神使得他终于找到了钨丝，发明了电灯，改变了历史。

有些错误本身很可能致命，或会造成严重的后果，但如果只盯着错误本身，那就大错特错了。能从错误中获得教训的人，才是智慧的人。

第五步：放弃、逃避不能产生信念。

逃避做事或逃避解决问题都是缺乏自信的表现。有句话说："躲得了一时，躲不了一世。"逃避不仅不能解决问题，相反会激化矛盾，使问题

升级。人产生逃避或躲避现象大多是因为心里害怕，或者恐怖导致。

放弃、逃避的行为，说穿了，只是人内心不自信、不强大的表现。

所以，人只要勇敢面对，不但可以消除恐怖的阴影，而且能够产生强强的自信心。

第六步：要牢记对自己的要求。

这是增强自信的最后一个步骤，也是所有步骤中最简单且最具效果的。

这种"自我要求"不仅仅是在头脑中约束自己，还可以试试在纸上写下来，比方说："从今天起一周之内，我每天早晨要起来慢跑"或者"从今天起一周之内，我要比平常早30分钟出门上班"等，这些都可以写在纸上，并填上日期，签上姓名。

自我要求的内容如何并不重要，重要的是将它写在纸上后，不论发生什么样的问题，都务必要确实遵守。记住：成功的秘诀在于坚持不懈的恒心。

当你对自己有了某种程度的自我要求后，在遵守这种自我要求时，你会发现自己由于自我要求而产生了自我约束，即你已开始坦然面对自我。此时，自信就根深蒂固地成为你的勇气与力量。

大多数人在实施这种自我要求时，刚开始，会有优柔寡断、迟疑不决的心态，即使实施了，一旦遭遇到挫折又会随即住手，然而，若是用这种写在纸上的方法，可能就不大容易半途而废了。因为，不管多么小的事，一旦有"只要下决心去做就一定会成功"的信念，自我约束便会油然而生。

每个人都有自己的习惯，习惯往往深入人的潜意识中。因此，好习惯越多，成功的可能性就越大。告诉自己一定能赢，不仅仅是在嘴上说说而已，而是要自己养成"能赢"的习惯，而自信是"能赢"最主要的因素。万事开头难。好习惯的养成需要对自己进行严格的训练，尤其是在遇到困难、坎坷时具有坚持的毅力和强烈的自信。

人生路上要经得起诱惑

人的一生是一步步走的，这一生不仅要自己走，有时还必须借助他人的帮助行走；走的过程中不仅要搬开行路过程中的"绊脚石"，同时还要经得起"路上"的各种诱惑，抵制错误的东西，凭借着顽强的信念，在每一步的行走中，借助选择的力量，创造生命的奇迹。

公元前100年，苏武受汉武帝之命，以中郎将的身份为特使，拿着汉武帝亲手交给他的"旄节"，与副使张胜以及助手常惠和百余名士兵，携带着送给单于的礼物，护送以前扣留下来的全部匈奴使者回匈奴去。

当苏武在匈奴完成任务准备返回时，一件意外的事情发生了。前些时候投降匈奴的汉使卫律有个部下叫虞常，想要谋杀卫律归汉。这个虞常在汉朝时与张胜私交甚好，就把整个计划跟张胜说了，张胜赠送钱物以示支持，没想到虞常的计划还没实施就泄露了。苏武因张胜而受牵连，他怕公堂受审给汉朝丢脸，想拔刀自杀，被张胜、虞常制止。虞常受审，经受不住酷刑供出了张胜，因为张胜是苏武的副使，单于便命令卫律去叫苏武来受审。苏武不愿受辱，又一次拔刀自杀，却被卫律抱住夺下刀来，但苏武已受重伤晕死过去。

苏武视死如归，单于佩服他的勇气，希望苏武能够投降为自己效力，早晚派人来问候，企图软化苏武，但苏武始终不肯屈服。

苏武恢复健康后，单于命令卫律提审虞常和张胜，让苏武旁听。在审讯过程中，卫律当场杀死虞常以此威胁张胜。张胜跪下投降，卫律又威胁苏武并举起宝剑向苏武砍来，苏武却面不改色地迎上前去。卫律看软化、威胁都不能使苏武屈服，就报告了单于。

单于听说苏武这样顽强，更加希望苏武投降。他下令把苏武囚禁在一个大窖里，不给一点吃喝。此时天上正下着大雪，苏武就躺在那里，嚼着雪团和毡毛一起咽到肚里，几天以后，仍顽强地活着。

单于一计不成，又命人把苏武迁移到北海没有人烟的地方，让他独自放牧公羊，说是等公羊生子才让他归汉。在荒无人烟的北海，苏武白天拿着汉朝的旄节放羊，晚上握着它睡觉。没有口粮，他就挖掘野鼠洞里藏的草籽充饥。单于又派人劝降，并告知他母亲已死，兄弟自杀，妻子改嫁，儿女下落不明、死活不知的消息，想以此达到动摇他的信念的目的，但又一次被苏武斩钉截铁地拒绝了。

苏武在荒凉酷寒的北海边上，忍饥挨饿，受尽苦难，但仍以坚强的毅力，度过了漫长的艰苦岁月。

一直到公元前 81 年的春天，汉朝与匈奴几度交涉，苏武、常惠等 9 人才终于回到了久别的首都长安。

苏武出使的时候是个 40 岁左右的壮汉，他在匈奴度过了 19 年非人的生活，归汉时已是个须发皆白的老人。

后来，苏武坚强不屈、不怕磨难、永不失节的事迹轰动了朝野，"苏

武牧羊"的故事也被编成歌曲在百姓中间广为流传。

苏武从自杀到顽强地活下来，所作所为都是在"诱惑"中向敌人显示大汉朝人的一种尊严。

生活中处处充满诱惑，诱惑包含金钱、美色、权势、浮名等等，如果人不能分辨这些，不能够战胜自己对诱惑的欲望，往往就会成为诱惑的"俘虏"。有时候，许多人在坚持信念快走到成功的边缘时，不慎"中枪"，最终跌落到人生谷底。

人的一生要经历许多次选择，每个人都是自己生命的导演，只有真正懂得正确选择的人，才能创造出精彩的人生，才能看到天地间更美的风景。欲望、诱惑都是生活中的附属品，人只要守住节操，坚守底线，就能克服私心杂念，就不会被欲望、诱惑"套牢"。

社会是个大舞台，人想要演出"真实的自我"，就要拒绝诱惑，"出淤泥而不染"。尤其是在掌握权力和拥有金钱时，能保持清醒、淡泊的高尚人格更值得称道。

成功是实干出来的

人的一生犹如航行在大海中的船，而生活就像不平静的大海。大海有风平浪静的时候，也有波涛起伏的时候，更有巨浪滔天的时候。因此，走好人生每一步，很不容易。然而，有志者事竟成，实干的人终究会谱写出辉煌的人生。

明代医学家李时珍出生在一个世代行医的家庭，他父亲是当地很有名望的医生。李时珍14岁就考上了秀才，但他对科考并无兴趣，后来三次科考均未考中。从此，李时珍不再把心思放在自己并不喜欢的科举考试上，而是沉下心来钻研医学，决心在医学上有所建树。

经过长期的医疗实践，李时珍医治好了不少疑难杂症，积累了大量的诊治经验，30岁即已远近闻名。33岁时，李时珍曾被楚王请去掌管王府的良医所，后又被推荐到京城太医院任职，但终因看不惯官场污秽，不久便托病辞官回家。

回到家乡后，李时珍觉得自己所读的大量医药著作均有瑕疵，有的分类杂乱，有的内容不全，还有不少药物根本就没有记载。由此他突发奇想，觉得有必要对药物书籍进行整理和补充。这个念头一冒出来，就

再也压不下去，后来成为李时珍为之奋斗终生的目标。经过反复思量，他决心在宋代唐慎微编的《证类本草》的基础上，重新编著一本完善的药物学著作。

编著完善的药物学著作，这事说起来容易，做起来很难。

为了编著这本药物学著作，李时珍不辞劳苦，饱尝艰辛，足迹踏遍了河南、江西、江苏、安徽等地。每到一处，他都放下架子甘当小学生，虚心向当地的药农和其他人请教。为了采集药物标本，收集民间药方，他有时钻进深山老林，有时亲临乡村草舍，每得到一味新药都如获至宝。为了弄清一些药物的性能和效用，他甚至不顾危险亲自品尝。李时珍的执着和为了医药事业的发展而献身的精神感动了许多人，大家都伸出热情的手，帮他收集药方，有的人甚至把家里祖传的秘方也拿出来交给了他。

经过如此艰辛的亲身实践，李时珍获得了许多书本上没有的知识，得到了很多药物标本和民间药方，为丰富《本草纲目》一书的内容打下了坚实的基础。

从35岁开始，李时珍动手编写《本草纲目》。在编写过程中，他参考了800多种书籍，经过三次大规模的修改，终于将药物学巨著——《本草纲目》写成，这期间整整经过了27年。李时珍也从一个35岁的中年人成了60多岁的老汉。

李时珍倾其一生的精力，编写了连西方人都赞誉为"东方医学巨典"的《本草纲目》，为后人留下了一笔宝贵的医学财富。他以坚毅执着、矢志不移的精神，用心专一，锲而不舍，朝着心中既定的目标孜孜以求，做成了自己最想做的大事。他的名字也像《本草纲目》一样在人们心中代代流传。

　　无论是谁，只要确定了自己要做某一件事情，就应该执着、坚定地朝着自己心中的目标进发。成功都是实干出来的。每个人都有梦想，都会因梦想设定目标。但饭要一口一口地吃，上楼要一个台阶一个台阶地上。在做事的过程中，毫无疑问会遇到这样那样的困难，人假如一遇到困难就打退堂鼓，肯定将一事无成。那种凡事谨慎，为了避免不犯错误或少受挫折与损失，一遇困难就后退的人，最终会被自己的懦弱心理击垮。

　　有把握的事要去做，没有把握的事也要尝试去做。目标的实现源于坚持。俗话说：水滴石穿。一个人的成就不是一蹴而就的，就像"不经一番寒彻骨，怎得梅花扑鼻香"。越是在艰苦环境中，往往越能磨练一个人的毅力，培养一个人高尚的情操。

远离浮躁，专注自己的选择

浮躁，在心理学上指因内在心理冲突而引起焦躁不安的情绪状态，有时表现为急躁或着急。偶尔有这种心态不要紧，但如果长期这样，人就会迷茫、惴惴不安，丧失自信心，迷失人生方向，失去快乐心境，体味不到生活的乐趣。

《庄子·达生》里有一个"佝偻者承蜩"的故事：

孔子前往楚国，走在一片树林中，看见一个驼背人在粘知了，一粘一个准，简直神了。

孔子上前问道："您真行啊！有什么诀窍吗？"

驼背人答道："有诀窍啊。粘知了时我的身子站定在那儿，就像木桩子；我的手臂就像枯树枝；虽然天地很大，容有万物，但此时我只知道有蝉翼。我心无旁骛，这样还有什么得不到呢？"

于是，孔子对弟子们说："用志不分，乃凝于神。"意思是说，人专心致志地去做一件事，不分心，就能达到一种神奇的境界。

专注就是要心有定力，要有一种不达目的不罢休的执着，要有一种排除干扰、战胜自我、远离浮躁的坚毅。一个人如果整日心浮气躁，为环境所左右，就不可能集中自己的时间、精力和智慧，就不可能专注于要做的事，他干什么事情都只能是虎头蛇尾，难有善终。缺乏专注精神的人，即使定下凌云壮志，也不会有所收获，因为"欲动则心散，心散则志衰，志衰则不达也"。

美国苹果公司掌门人史蒂夫·保罗·乔布斯27岁就事业有成，跻身亿万富翁行列。有一年，有位著名摄影师给他拍照，发现其家居极为简单，不禁大为惊讶。乔布斯淡然说道："我所需要的也就是一杯茶、一盏灯和一个音乐播放器而已。"苹果公司倡导的简约设计就源于这位掌门人的简单的生活方式。

社交网站Facebook的创办人马克·扎克伯格是全球最年轻的亿万富翁。他和女友在加州小城租一所小房子，陈设从简，自己开车，没有请司机和厨师。扎克伯格虽已是富豪，但与刚入大学时没两样；他的女友也常穿T恤、牛仔裤。

现今，很多人在浮躁面前，选择平淡，这是一种难得的清醒。现代社会，物质生活十分诱人，充裕的钱财、华丽的别墅、高级私家车、丰盛的饭菜、夺目的衣裳和珠宝……就像是在人们眼前动来动去的"苹果"，令很多人垂涎欲滴。

于是，有些人为了追逐奢侈而逐渐失去平淡、快乐和幸福。对奢侈的物质生活的种种向往，变成了束缚他们心灵的沉重负担。这种负担越积越多，变成了"枷锁"，让他们时刻生活在压抑烦躁的状态之中，再也找不回专注做事、平淡生活的心境。

平和的心态是消除浮躁最有力的武器。人在任何时候、做任何事情

都要有一种远离浮躁、持之以恒的韧劲，要有执着认真的钻劲，要有淡定从容、泰山崩于前不为所动的平和，只有这样，才能达成自己的目标。

苏轼在《晁错论》中说："古之立大事者，不惟有超世之才，亦必有坚忍不拔之志。"成大事者不在于自身力量的大小，而在于做事专注、持之以恒、坚持不懈。

世界上什么最长？时间。世界上什么最短？时间！人是时间长河中的匆匆过客。有诗云："清水出芙蓉，天然去雕饰。"万物贵在自然，人同样贵在平和。只有平和才是最本质的，也是最有味道的。因此，人要远离浮躁，专注自己的选择。

选对"池塘"钓"大鱼"

一个人要想取得成功，既要有捕捉机会的眼光，也要有把握机会的能力。

有些人具有发现机会的眼光，却缺乏把握机会的能力，于是迎来机会又送走机会；有些人具有把握机会的能力，却没有发现机会的眼光，于是任机会在眼前来去却抓不住。

数十年前，美国人达比和他的叔叔到遥远的西部去淘金，他们手握鹤嘴镐和铁锹不停地挖，几个星期后终于惊喜地发现了金灿灿的矿石。于是，他们悄悄将矿井掩盖起来，回到家乡马里兰州的威廉堡，准备筹集大笔资金购买采矿设备。

不久，他们的淘金事业便如火如荼地开始了。当采掘的首批矿石被运往冶炼厂时，专家们断定他们遇到的可能是美国西部地区蕴藏量最大的金矿之一。达比仅仅用了几车矿石，便很快将所有的投资收回。

然而，达比万万没有料到，正当他们的希望在不断上升的时候，金矿脉突然消失了！尽管他们继续拼命地钻探，试图重新找到矿脉，但一切都是徒劳，好像上天有意要和达比开一个巨大的玩笑，让他的美梦从

此成为泡影。万般无奈之下，达比不得不忍痛放弃了几乎要使他成为一代富豪的矿井。

接着，他们将全套机器设备卖给了当地的一个废品收购商，带着无奈、遗憾和失望离开了。

废品收购商看着全套设备，决定放弃自己的本行，在掘开的地方再试一试。家人对他的选择直摇头，认为他是痴心妄想，认为他是被利益冲昏了头脑。废品收购商请来一名专业采矿工程师考察矿井，经过一番测算，工程师指出前一轮工程失败，是由于达比他们不熟悉金矿的断层线。考察结果表明，更大的矿脉其实就距达比停止钻探三英寸的地方。

世上的事情离奇得往往就像这个精彩故事一样。作为怀着梦想的有心人，达比虽然付出了最大的努力，但他获得的却是西部地区最大金矿的一个小小支脉；而废品收购商虽然只花费了很小的代价，却通过一口"废弃"的矿井而成功地拥有了西部最大金矿的全部。

这个故事是真实的，废品收购商确实很"幸运"，无论其动机是什么，他能够对收购到的东西产生另一种想法，就说明他着实有着不一般的头脑。这个废品收购商具有捕捉机会的眼光，具有把握机会的能力，这两方面结合最终促使他成功。

在生活中，因为遭受失败、挫折而急于选择放弃的人，往往看不到更美的风景。生活和金矿的矿脉一样，有时会出现"断层"，此时，千万不要轻言放弃，不能轻易选择离开。

人面对挫折、失败，一定要以正确、谨慎的态度去对待，不能轻易放弃，在坚持不下去时，一定要再坚持一下，即使做事越来越困难，越来越没有希望，坚持也许会成为成功与失败的"分水岭"。当然，坚持一段时间后仍没有起色、回转迹象，放弃也是明智的选择。宋朝大诗人陆游曾经写诗道："山重水复疑无路，柳暗花明又一村。"当绝处逢生的感觉出现时，人们会不由自主地感叹命运的神奇。

第四章

理智放弃，升华人生

　　人在做选择时相对容易，而要做到理智放弃则很难。人生是选择题，除了向前，有时还包括向后。放弃也是一种选择，是一种更高境界的选择。

　　人生路上，往往有太多次需要选择放弃，否则，"重担在肩"，会让人步履沉重，无法轻松前行。

放下"包袱"，才能轻装上路

在人生的旅途中，有很多东西是需要舍弃的。背着"包袱"赶路的人，要么步履维艰，要么被甩在后面。人只有放下"包袱"，轻装上路，才能充分领略旅途中的美景。

有些人认为，"包袱"是他们一辈子的成果，舍不得丢弃。实际上，人生短暂，人在追求仕途的过程中，如果舍弃对权力的追逐，会让自己的心态更平和、更淡定；在不断追求挣钱的过程中，如果舍弃对金钱无止境的拿、夺、取，得到的是安心和快乐；在春风得意的忘我过程中，如果舍弃对地位的虚荣，得到的是家庭的温馨及和睦。

一青年背着一个大包袱千里迢迢地跑来找大师，他说："大师，我是那样的孤独、痛苦和寂寞，我从没享受到快乐、幸福，上天为什么对我如此不公平呢？"

大师问："你背上的大包袱里装的是什么？"

青年说："它对我可重要了。它承载了我每一次跌倒时的痛苦、每一次受伤后的哭泣、每一次孤寂时的烦恼……背着它，我才能走到您这儿来。"

大师带着青年来到河边，坐船过了河。上岸后，大师说："你扛着船赶路吧！"

"什么，扛着船赶路？"青年很惊讶，"它那么沉，我扛得动吗？"

"是的，孩子，你扛不动它。"大师微微一笑，说，"过河时，船是有用的。但过了河，我们就要放下船赶路。否则，它就会变成我们的包袱。痛苦、孤独、寂寞、灾难、眼泪，这些对人生都是有用的，它们能使你懂得生命的存在不易，但你如果总是念念不忘，它们就成了人生的"包袱"。放下它吧！孩子，生命不能背负太重。"

青年听从了大师的话，放弃了"包袱"，忘记了从前的种种。他发觉，忘掉此前一切，自己的心情变得轻松而愉悦，他能看到路两旁的美景，听到更多的鸟鸣，他比以前快乐了许多。他终于知道，原来生命是不能背负太重的。

背着"包袱"行路，会使一个人不堪重负，放慢行进的脚步。然而，很多人终其一生都活在"不堪重负"的心境中，他们无法放下"过去"对他们的影响，正如无法放下肩上不必要的"包袱"一样。

人的"包袱"随着年龄的增长变得越来越大，越来越重，"包袱"里面装满了过去发生的一切：过去的伤害让他们耿耿于怀，过去的烦恼让他们念念不忘，过去的怨恨让他们无法解脱……总之，"过去"的一切严重影响了他们现在的幸福，他们始终无法做到对"过去"释怀。"过去"的经历在他们的脑海中刻下了深深的烙印，无论如何都抹不掉。于是他们背着"包袱"，一路前行，尽管步履蹒跚，但他们仍不肯丢弃一些。

人要学会放弃，在人生旅途中，时时停下，整理一下背上的"包袄",看看该添加什么,该舍弃什么,该保留什么。年轻时"包袄"重些,还不要紧,中年、老年时"包袄"一定要轻,因为当生命"不堪重负"之时,背上"包袄"中许多已是无用的东西,是阻碍人前行的巨大"绊脚石"。

人的"包袄"中主要应有责任、忠诚、进取、担当等优良美德,而痛苦、忧愁、烦恼、怨恨等不良情绪不能天天背负在身上,它们无益于人的前进,相反,还会"拖人后腿",使人失去前行的动力。同时,人对痛苦等不良情绪的放大,还会影响身心健康,进而影响人思考的方式。所以,时时整理"行装",扔掉该扔掉的东西,忘记该忘记的人、事,人才能轻装前行。

学会理智地放弃

当人遇到困境时，保存实力、保全自身是首要的事。俗话说：留得青山在，不怕没柴烧。虽说富有勇气、极力摆脱困境是人在困难面前的常态，但明知前方无路，却硬要去闯去冲，不知"止损"，往往会陷自己于更糟糕的绝境，最终难以自救。

一名红木商人来到一个村子，向村民收购红木，出价很高。此时正值冬季，山上的温度已经降到了零下几十摄氏度，上山伐木十分危险，因此许多村民都放弃了。

有父子三人决定冒一次险，因为商人出的价格实在是太诱人了。他们不顾天正下雪，毅然上了山，准备伐木。谁知，他们到了山上才发觉，山上下起了暴风雪，气温骤降，年事已高的父亲立刻被严重冻伤，无法行走了。他倒在冰冷的雪地上，明白自己无论如何也下不了山了，便果断地对两个儿子说："别伐木了，你们快离开这儿，我不行了，你们把我的大衣脱下来穿上，设法下山。"

两个儿子不肯丢下父亲，更不愿从父亲身上脱下大衣，坚持要背父亲走。

父亲不断斥责他们的这种行为，却无法阻止他们。可是，他们背着父亲只走了一小段路，就迷失了方向，父亲也冻得昏过去了。

儿子们泪流满面，一声声喊着"父亲"。大儿子脱下自己身上的大衣盖在父亲身上，试图把父亲救过来。过了许久，父亲已经没有一丝气息，大儿子也被冻伤了。他对弟弟说："看来我要在这里陪父亲了。小弟，你把我和父亲的大衣全脱下来穿上，设法走下山去，家里还有母亲、奶奶在等着我们。"

弟弟悲痛万分，他摸摸父亲，再看看哥哥，父亲的身体已经僵硬，哥哥的身体还有一丝余温。他脱下自己的大衣，盖在哥哥的身上，企图救活哥哥。

第二天，暴风雪过去了，父子三人倒在一起：父亲盖着大儿子的大衣，大儿子盖着小儿子的大衣，而小儿子只穿着一件薄薄的棉衣。

后来，村民们把他们抬下山，边走边暗叹可惜。他们说："应该有两个人可以活下来，但他们错过了。"

的确，如果两个儿子穿上父亲的大衣和棉衣，赶快下山，是可以回到家的，但他们舍不得父亲。一年后，他们的母亲也在痛苦中郁郁而终。

如果当年舍得一个人的生命，就可以保住三个人的生命，但他们在爱的面前，却丧失了必要的理智。放弃，对任何人来说，都是一个痛苦的过程，无论放弃什么，大至理想，小至零碎的东西，放弃时往往都很难割舍。因为放弃便意味着永远不再拥有。但是，不想放弃、想拥有一切，一定要看环境条件和自身状况是否允许自己这样做。

放弃，从一定意义上说，是无奈的选择，但无奈中要理智对待，该

放弃时要毫不犹豫地放弃，哪怕放弃的是金山银山。

生活给我们每个人的都是一处丰富的宝库，因此，我们必须学会适时放弃，给自己重新选择的机会，选择适合自己拥有的，否则，很可能会给自己带来无限沉重的负累。

苦苦地挽留白天的人是不存在的，久久地感伤怒放的鲜花会凋零的人也是不存在的，因为白天黑夜、怒放的鲜花会凋零都是自然界无法抗拒的现象。既然知道白天终会被黑夜替代，怒放的鲜花总会有凋零的一天，人也应该懂得，放弃正是拥有的再次开始。

什么都舍不得放弃的人，实际上是不明智的人。放弃表面上看是"失去"，但实际上由此获得的比失去的会更多。这是一种以"退"为进的人生谋略，也是再次选择拥有的一种智慧。

放下是一种快乐

莎士比亚曾说："倘若没有理智，感情就会把我们弄得精疲力竭。为了制止感情的泛滥，我们要学会理性对待。"

追求是人的一种进取的本能，人无论是追求事业、追求财富，还是追求地位等诸多方面，都是正常的。但任何事，切忌走极端，一旦发现不能实现，放下、放手、放弃就是明智的选择。

从前有一个国王，他有一位漂亮的公主。国王非常疼爱小公主，把她视如掌上明珠，从不舍得训斥半句。凡是公主想要的东西，无论多么稀罕，国王都会想尽一切办法弄来。

在国王的呵护下，公主渐渐地长大了，她懂得了许多，尤其爱美。一个雨后初晴的下午，公主带着婢女在宫中的花园游玩。只见树枝上的花朵经过雨水的润泽，越发迷人；院中茂盛的树木，翠绿欲滴。忽然，公主的目光被荷花池中的奇观吸引住了。原来池水热气经过蒸发，正冒出一颗颗状如珍珠的水泡，浑圆晶莹，闪耀夺目。公主完全被这美丽的景致迷住了，她突发奇想："如果把这些水泡串成花环，戴在头上，一定美丽极了！"

打定主意后，公主便叫婢女把水泡捞上来，但是婢女的手一触及水泡，水泡便破了。折腾了半天，公主在池边等得愤愤不悦，婢女在池里捞得心急如焚。公主终于气愤难忍，一怒之下，跑回宫中，把国王拉到池边，对着一池闪闪发光的水泡说：

"父王！你一向是最疼爱我的，我要什么东西，你都依着我。女儿想要把池里的水泡串成花环，作为发饰，你说好不好？"

"傻孩子！水泡虽然好看，终究是不实的东西，怎么可能做成花环呢？父王另外给你找珍珠、水晶，一定比水泡还要美丽！"国王对女儿说。

"不要！不要！我只要水泡花环，我不要什么珍珠、水晶。如果你不给我，我就不活了！"公主撒娇地哭闹着。

束手无策的国王只好把朝中的大臣们召集来，忧心忡忡地说道："各位大臣！你们号称是本国的奇工巧匠，你们之中如果有人能够将池中的水泡捞起，为公主编织成花环，我便重重奖赏他。"

"报告陛下！水泡刹那生来，触摸即破，怎么能够拿来做花环呢？"大臣们面面相觑，不知如何是好。

"哼！这么简单的事，你们都无法办到！我平日是怎么对待你们的？如果无法满足我女儿的心愿，你们统统提头来见！"国王怒喝道。

"国王请息怒，我有办法替公主做成花环。只是老臣我老眼昏花，实在分不清楚水池中的水泡哪一颗比较均匀圆满，能否请公主下到池中亲自挑选，交给我来编串？"一位须发斑白的大臣神情笃定地说。

公主听了，兴高采烈地拿起瓢子，跳进水池，认真地选择自己中意的水泡。但本来光彩闪烁的水泡，经公主轻轻一摸，霎时破灭，化为泡影。捞了半天，公主一颗水泡也捞不起来。公主终于明白了水泡捞不起来的事实，于是把捞水泡的事放下了。

这个故事中的公主似乎有些不通情理，但其实也是生活中一些人的缩影。有些人对待明明不可能做到的事，却偏不放弃或不"放下"，直到耗尽精力、财力，有时还要搭上生命，才最后清醒过来，这样的人实在可悲要叹。

人生有无数的岔路口，无论愿不愿意，人都要走到岔路口去面临诸多选择。有选择就有放弃，生活中有许多事情是要我们迎难而上、努力拼搏才能取得最后成功的。但如果目标不对，一味地坚持，只能走上相反的道路。

有人说：我勤奋，我努力，我再笨，经过二十年、三十年，钻研一件事还不能成功吗！是的，有可能成功，但也有可能不成功，因为如果这条路不适合你，没有很多成功的条件，那么，即便是二十年、三十年，也只会是你人生经历中一次次失败的过程。

学会放弃、放下，是一种对自我态度的重新审视，是对人生目标的再次确立。学会放弃、放下，不是不求进取，因为人的生命是有限的，对不能实现的目标，放弃、放下是最明智的一种选择，有的东西在你想要得到又得不到时，一味地追求只会给自己带来压力、痛苦和焦虑。这时，放弃、放下、放手，就是一种智慧。

适时放弃的智慧

　　狐狸吃不到葡萄说葡萄酸，这被称为"酸葡萄定律"。这个定律说明，本想拥有却无法拥有时，不如干脆放弃。

　　适时放弃有时是一种谋略。虽然放弃已有的东西会让人难受，但永远抓在手中，如果不能用，就会成为"鸡肋"，弃之可惜，甚至会被其所累。

　　有这样一则寓言：

　　从前，有位樵夫上山砍柴，不经意地看见一只从未见过的动物。于是，他上前问道："你是谁？"

　　那动物说："我叫'聪明'。"

　　樵夫心想："家里人总说我有些笨，缺少'聪明'，干脆把它捉回去算了！"

　　樵夫正想着，"聪明"突然说："你现在想捉我，是吗？"

　　樵夫吓了一跳："我心里想的事它都知道！它真的'聪明'啊！那么，我不妨装出一副不在意的模样，趁它不注意时捉住它。"

　　结果，"聪明"又对他说："你现在又想假装成不在意的模样来骗我，等我不注意时把我捉住带回去，是吗？"

樵夫的心事总被"聪明"看穿，很生气，心想为什么它总能知道自己在想什么呢？

谁知，这种想法马上又被"聪明"知道了。它又开口道："你在为没有捉住我而生气吧！"

于是，樵夫开始从内心检讨："我心中所想的事好像全反映在镜子里一般，完全被它看穿。我应该把它放弃，专心砍柴。它聪不聪明本来与我无关，理它干吗呢？"

樵夫想到这里，没有搭话，而是挥起斧头，继续专心地砍起柴来。一不小心，斧头掉下来，却意外地压在"聪明"的身上，"聪明"立刻被樵夫捉住了。

适时放弃是一种智慧，它会让人更加清醒地审视自身内在的潜力和外界的因素，会让人本来充满纠结的身心得到调整。英国诗人弥尔顿说："心，是你活动的天地，你可以把它从天堂变成地狱，也可以把它从地狱变成天堂。"

任何事情，首先靠自己，其次才是借力，想靠他人一举成功或弥补自己的欠缺是一种"懒人懒办法"，往往靠不住，有时还会迷失自我。每个人能力有大有小，聪不聪明，智不智慧，不是成不成功的关键因素。

在生活中懂得适时放弃，不仅能拨云见日，更能因为新的选择而使自己走上一条光明之路。

有时候，生活真的如"有心栽花花不开，无心栽柳柳成荫"那样，太在意了的事物，这件事物反而不属于你；太想干成什么事，事情反而干不成。这种情况下，关注应该关注的事，不去想自己控制不了的事，适时放弃就可以了。

机遇与风险并存

世上的机遇均与风险并存。如果怕行船有危险，就会永远看不到大海的真实面目；如果怕刺扎手，就永远不会拥抱玫瑰。成事要有机遇，机遇往往使人事半功倍；但机遇蕴有风险，挑战风险才能收获成果。

机遇与奋斗，谁更重要？应该是同等重要。没有奋斗，机遇来了也把握不住；反之，碰不上机遇，有时苦苦奋斗也不见得能够成功。而好的机遇，可以让人节约多年的奋斗时间。

有一位登山队员去登珠穆朗玛峰。经过奋力拼搏，攀爬到7800米的高度时，他感到体力不支，于是断然决定停了下来。当他下山后，讲起这段经历时，朋友们都替他惋惜："你稍作歇息，也许就能顺利登到顶呢？"

这位登山队员却从容地说："不，我最清楚自己了。7800米的海拔是我登山能力的极限，再往上，我会搭上性命，所以即便没登上山顶，如今我也一点儿不感到遗憾。"

人的能力是有限的，在抓住机遇的过程中，放弃自己做不到的事情并不丢人。因为机遇与风险是相辅相成的。一个人没有能力成功或借势不成功时，再遇风险会让自己陷入更加失败的窘境，因此，即使是有机遇，但当你驾驭不了机遇中的风险时，做出放弃的选择是正确的。

一个理智的人，在不断前行时，尽管看重机遇，但当遇到机遇时，在抓住不松手时，也要考虑自己能否担当得起，是不是自己力所能及的，要分析机遇中的风险对自己的影响。每个人都是自己生命中的"贵人"，每个人都是掌握自己命运的"主人"。抓住机遇、借力成功是每个人都会做的，但权衡风险，评估自己能力，也是需要做的一件重要的事。人不能因为玫瑰有刺就不去摘，只是摘玫瑰时要尽量不让刺扎着自己；人不能因为怕大海上的波涛就不行船，只要熟悉海上行船常识，不在大风大浪中掌不住舵就可以了。

正确地认识机遇与风险，正确地认识自我，不盲目、不自卑、不自大，人就能一步一步地走向成功。

懂得及时抽身

一个明智的人，既要懂得适时选择，又要知道该舍弃的时候就舍弃，做出另一种有意义的选择，来摆脱生活中的困境、窘境。

古代荆地有猎鹿脐的风俗。鹿被猎人追得急了，就会把身上的脐挤出来，扔到地上。猎人猎到鹿脐，也就不再追了。鹿因此得到机会脱离了危险，而猎人也得到了猎物。

鹿以这种丢弃鹿脐及时抽身、保住性命的做法，是其生存的一项本能本领。

动物在遇到生命危险时尚且能做出"保命"行为，人也一样。当遇到困境、窘境时，及时抽身、保全自己十分重要。

生活中，人时常要面对各种选择。在选择的同时，也就意味着要舍弃。人在面临选择的时候是极其需要勇气的，因为习惯了一种做法，逼迫自己必须放弃在心理承受上是很难的。

我们常常见到这样的情景：你走在路上，眼看就要到达目的地了，这时前方突然出现一块警示牌，上书四个大字："此路不通！"这时你会怎么做？

有些人选择仍走这条路过去，大有"不撞南墙不回头"之势。结果可想而知，是在碰了"钉子"后灰溜溜地调转头返回。这种人常常因自身性格"一根筋"多次碰壁，既消耗了时间和体能，又做了许多"无用功"。

有些人选择驻足观望，看看别人是怎样做的。这种人常常因性格优柔寡断而丧失机会。

还有一些人，他们会毫不犹豫地调转头，去寻找另外一条路。也许会再次碰壁，但他们仍会不断地尝试，直到找到一条可以到达目的地的路。这种人是真正的勇者与智者，他们懂得变通，懂得寻找解决问题的办法，所以往往能够取得不错的成绩。

"此路不通"就换条路，"这个方法不行"就换个方法，在遇到无法解决的问题时，及早抽身，应该成为每个人的生活理念。很多人不愿意放弃自己所拥有的东西，习惯了"就这样吧""这些东西给我带来过快乐""这些东西令我有成就感"或"这些东西令我有自豪感产生"。但实际上，这些"东西"已经禁锢了你的生活，禁锢了你的事业，对你的双脚设了限制，你再前行会觉得"磕磕绊绊"。所以你必须甩掉它们，重新寻找另外的让你顺畅前行的目标。人不能总握着手心里原有的一把沙，换一把沙，也许会带给你不一样的感受。

放弃有时候是为自己打开了另一条通途的大门。忘记过去，并不代表你的历史结束，也许就会是新的生活、新生命的开始。

过去了的要尽量"忘记"，现在的要及时"把握"。"把握"原则最通用的最核心的部分是：灵活变通，即"此路不通"换条路，"这个方法不行"换个方法，学会及时抽身。

不要在"死胡同"内"转圈"

在南美洲有一种飞草，这是一种非常奇异的小草，别看它非常小，却有着一种非凡的本领。每当到了天气干旱的季节，飞草就会把自己的根从土里"拔"出来，卷成一个小球，在天空中随风飘荡，飘到湿润的地方就停下来，重新扎根生长。

有一棵大飞草和一棵小飞草同时生活在一个地方。有一年夏天，这里一连三个多月没有下一滴雨水，火球似的太阳烤得大地裂开了很多口子。许多花草树木都干死了，只有一些稍微耐旱的树木勉强活了下来。

一天，小飞草对大飞草说："姐姐，我们俩赶快离开这里吧，这里太热了，又没有水，我实在受不了了。"大飞草摇晃着干巴巴的身子，说："我们飞草就这么软弱吗？我们一定要在这里坚持下去。你看人家仙人掌从来不离开沙漠，沙漠比这里不知要干热多少倍呢。"

小飞草说："仙人掌没有飞和走的本领，怎么能离开那里呢？它们为了活下去，只好把根拼命地往地下钻，一直钻到很深的地方，靠吸地下水生活。但是，我们没有那个本事，可是我们会飞呀。姐姐，我们还是赶快离开这里吧，不要在这里傻乎乎地等死了。"

大飞草生气了："这么一点苦你就受不了了，就想逃避艰苦的环境！"小飞草听了姐姐的话，就对大飞草说："那好吧，既然你不离开这里，那我要自己走了。"说着，小飞草从土里"拔"出根来，身子一卷，随着风晃晃悠悠地飞上了天空。

小飞草飞呀飞，在一条溪流旁，它伸展开身体，露出根，扎进了土壤。小飞草吸到了足够的水分，不久后，黄绿色的身体重新变成了葱绿色。而大飞草呢，一直在老地方忍受着干旱的折磨，最后终于被干旱夺去了生命。

如果在某一天，你走进一条"死胡同"，就应该赶快放弃前进，及时回头，这样才可以找到出路。

有个年轻人失恋后痛苦万分，他一时想不开吃了一瓶安眠药。幸亏医院抢救及时，保住了他的生命。

但是这个人不但没有感激救他的人，反而满腹怨恨："为什么不让我死？我死了就不会承受失恋之苦了！"他依旧十分痛苦，并且十分憎恨离开他的女友。

与年轻人住在同一间病房里的病友是一个老人，他的老伴刚刚因癌症过世，如今他也患上了癌症。

老人问年轻人："你为什么吃安眠药？"

"为了解除所有的痛苦！"

"难道仅仅为了短暂的爱情，就要选择死吗？"老人问他。

"可是她带走了我的全部……人生和希望！"

老人一听，笑了，"年轻人，既然爱情是你的全部，那么生命呢？你

的生命仅仅是爱情的牺牲品？你的人生呢？你的人生仅仅是为了一个不喜欢你的女孩吗？"

"可是我……我是那么喜欢她，她却背叛了我！"

"这不应该是一种背叛，而是她没有做出和你相同的选择。既然她不喜欢你，为什么你还要强求呢？爱不是一种憎恨，而是一种延续……或许我解释得过于复杂了，你之所以会感到痛苦，是因为你的那种爱还没有转化！"

"但是因爱生恨是许多人都经历的啊！"

老人笑着说："时间久了，这种恨也会化成乌有。爱与恨之间，爱是有压倒优势的，而且她是你的初恋，给你带来了人生最深刻、最美好的一段记忆，你为什么还要恨呢？"

年轻人想了想，似乎悟出一点道理。

"可是你不也像我一样，因为爱情得了绝症，这不也是一种自杀吗？"年轻人反问道。

"在她死之前，我就已经得了癌症！如果不是她，或许我早就死了！"老人说道。

年轻人怔住了。

老人接着说："一个人到了无所顾忌的年龄，回忆就是生活下去的希望！现在我还能够坐在这里跟你谈话，我要感谢我的老伴，是她让我坚强起来！"

几周之后，老人死了，年轻人却获得了重生。他积极投身到新的"爱"的建设中，他不但不再恨他的女友，相反开始默默祝福她，希望她拥有美好的爱情和幸福的生活。

　　既然两人已经分手，就不要在情感的"死胡同"中转来转去了，选择从头再来、重新开始爱的旅途才是正确的选择。

　　思路决定出路。任何成功都源于人的思路，任何失败也都源于人的思路。

　　思路对，人生就会柳暗花明；思路不对，人生就会老是在"死胡同"里打转。

放弃不是失去

懂得放弃的人，会用乐观、豁达的心态去看待没有得到的东西；而不懂得放弃的人，只会焦头烂额地盲目地乱冲乱撞去追求，最后不仅未能达到目标，而且总因陷于"得失"之中而苦恼不断。

有这么一个寓言故事：

一天，狼发现山脚下有个洞，各种动物由此通过。狼非常高兴，心想，守住洞口就可以捕获到猎物。于是，它堵上洞的另一端，单等动物们来送死。

第一天，来了一只羊，狼追上前去，羊找到一个可以逃生的小偏洞仓皇而逃。

第二天，来了一只兔子，狼奋力追捕，结果，兔子从洞侧面一个更小一点的洞里逃走了。

气急败坏的狼找寻了洞中大大小小的偏洞并全都堵上，心想，这下万无一失了。

第三天，来了一只老虎，狼在山洞里窜来窜去，由于没有出口，无法逃脱，最终，这只狼被老虎吃掉了。

生活中，许多人在为人处世时容易走向极端，比如：不吃一点亏，遇到有利可图之事就"削尖了脑袋"往里钻，拼命占"便宜"。但有"贪"必有"失"，就像寓言中的那只狼，总想吃掉所有进洞的动物，谁知自己最后逃无可逃，被老虎吃掉。

在一处旷野上，一群狼突然向一群鹿冲去，引起鹿群的恐慌，鹿群纷纷逃窜。这时，狼群中一条凶猛的狼冲到鹿群中，抓伤一头鹿的腿，随后将这头鹿放回归队了。

此后，狼群耐心地等待机会，它们定期更换角色，由不同的狼去攻击那头受伤的鹿，那头可怜的鹿旧伤未愈又添新伤。最后，当那头鹿极为虚弱，再也不会对狼构成严重威胁时，狼群开始全体出击并最终捕获那头受伤的鹿。

实际上，此时的狼也已经饥肠辘辘。有人问，为什么狼群不直接进攻那头鹿呢？因为像鹿这类体型较大的动物，如果踢得准，一蹄子就能把比它小得多的狼踢倒在地，非死即伤。狼群对鹿的攻击适时放弃眼前的小利，为的是谋求更长远的胜利。

现实生活中，很多人为了一件事情的成功，努力了很久，期待了很久，也奋斗了很久，却仍是一无所获。到了那个时候，人应当问一下自己，是否还要继续下去？继续下去有没有什么用？如果继续下去，仍是一无所获，那么，还有必要继续吗？这个时候，是应该选择适时放弃还是选择继续前行？

上文的两个故事，一个是不懂得放弃，导致自己无逃生之路；一个是懂得放弃，结果顺利地得到了猎物。

放弃在开始时是痛苦的，甚至是无奈的选择。但是，若干时日后，回首那段往事时，你会为当时正确地选择放弃感到自豪。因为，放弃并不等于失去！

"急流勇退"也是一种智慧

生活中，进和退是一个问题的两面，世界上的一切事物都是有进有退的。

如果说"逆水行舟"是一种"进"的艺术，那么"急流勇退"就是一种"退"的智慧。有些人因"退"得及时，故常能立于不败之地。

一个人对自己的事业前景应有着清醒的认识，该放弃的时候要敢于放弃，该执着的时候要坚持执着，这样才能在成功的道路上不断前进。

有人说人生是复杂的，但透过复杂的表面，我们看到的其实是简单得只有"取得"和"放弃"的两个层面。人在"取得"时容易欣喜若狂、得意张扬；而在"放弃"时往往千般不愿，万般不想，需要巨大勇气。

鱼与熊掌不可兼得，它们本是一对不可调和的矛盾，但人们常常陷入要舍鱼而取熊掌还是舍熊掌而取鱼的困惑之中。其实，如果我们懂得果断放弃，这种困惑是不难消除的。

漫长的人生，其实是充满选择的人生，充满放弃的人生，选择什么和放弃什么同等重要，选择和放弃都需要勇气。因为选择是为了更好地生活，事业有更大的发展；放弃也不是失败，而是寻找成功的最佳契机。

很多时候，今天的放弃，是为了明天的得到；没有放弃，便不会有日后的收获。任何获得都要付出，什么都想要的人往往会顾此失彼，什么都得不到；而选择失当，也会坐失良机，变利为害，或是走上放弃之路，或是走上困境之途；如若必须放弃，又不愿放弃，更会走进"死胡同"，失去对美好生活及事业的向往和追求。

当一只狐狸被猎人用套子套住了一只爪子，它会毫不迟疑地咬断那只爪子，然后逃命。当生活强迫我们必须付出惨痛的代价时，主动放弃局部利益，保全整体利益是最明智的选择。俗话说："两害相衡取其轻，两利相权取其重。"趋利避害，正是放弃的本质。

人的一生，需要放弃的东西很多，几十年的人生旅途，会有阳光鲜花，也会有风霜雨雪；有所得，也会有所失。只有我们学会了放弃，人生才会笑比哭多，生活才会轻松多于沉重。

适时"出手"，及时"收手"

很多人往往喜欢"出手"，而不愿"收手"。尽管有时"出手"并不能得到什么，然而越是得不到，他们越是一再"出手"。而"收手"就难了，因为"收手"在人们的心里等同于"放弃"。其实，"收手"既是一种放弃，也是另一种意义上的选择。人生的路上，该"出手"时要"出手"，该"收手"时要"收手"。

有个人炒股，看着人家买的股票直往高处走，自己的几只股票却被套牢，心里十分懊丧。想当初刚买下时也是一路上涨，本打算到一个价位就出货，看看势头那么好，就又捂了几天，谁想后面就开始跌，随即，就跌回了买时的价格。想到原本是可以赚到一笔的，此时"出手"实在不甘，于是再等等，就这样"套"了下去。他不停地按股市专家的教导在低位补货，直至资金全部用尽，仍被深深"套牢"。

这个人有时也想将手中的股票抛出去，但总觉得亏损太多，心有不甘，只好每每望"股"兴叹。其实，这人如果适时放弃手中的股票，在别的股票上重新投资，以盈补亏，未必不是一个补救的办法，何必要一直

死守着这几只股票呢？特别是，眼看着大势已去，如果能及时回头，像他当初买股票时，该"出手"时就"出手"一样，该"收手"时就"收手"，也许早就赚回来了，或者亏损得少一些。

不止炒股，生活也是如此。

把钱投出去是投资，停止投资也是一种投资，而且是更高层次的投资。

承认失败，及时"收手"，才可以再展开新一轮的"进攻"。

当年的福特车，那黑色宽大的 T 型福特车曾是那么风光，占据了几乎全部的美国市场，但在几年的供不应求之后却不可避免地走了下坡路。

这是为什么？原来，由于福特公司没有及时更新换代，开发新产品，以致将市场拱手让给了打进美国市场的通用的新车型；而通用最终也因同样的错误将市场让给了节能的日本小型车。这成了管理学上的经典案例。可见，在生活中，不管做什么事，我们都应懂得适时"出手"，及时"收手"。

众所周知，战场上没有常胜将军。越王勾践在经历了亡国之痛后，及时"收手"，放下身段，亲自到吴国侍奉吴王夫差，同时暗中卧薪尝胆，励精图治，终于在十年后打败吴国。

很多人认为"收手"就是承认自己无能、失败，这是错误的观点。如同"出手"一样，"收手"也是思想行动的一种选择。"为什么收手""何时收手""收回一半继续出手"还是"全部收手"，这要根据具体问题具体分析。总之，"出手"虽具有豪气冲天之态，"收手"也不是丢人现眼之举。

"收手"与"出手"在人生中同等重要，要根据具体情况而定，孰优孰劣没有定论。"出手"是一种智慧，"收手"同样是一种智慧。"出手"出得好，值得称道，"收手"收得漂亮，同样值得赞扬。"出手"不容易，"收手"同样不容易。人要学会适时"出手"，及时"收手"。

第五章

正确取舍，把握命运

　　人不能苛求"总是得到"，"能够得到"就应该让我们欣喜不已了。"失"非常正常，就像花总要凋零。人生不是简单的"得"与"失"的博弈，而是选择与放弃的过程。

别太看重眼前的利益

不同的人看待事物有不同的眼光。只顾眼前利益的人，往往缺少对未来的把握和规划能力，其表现过于"重利"，甚至为了小利斤斤计较，急功近利。而懂得舍弃眼前利益的人，重视从全局出发，考虑问题全面，其表现具有长远眼光，不轻易被眼前利益诱惑，不迷失自我，这种人最有可能登上人生境界的顶峰，并获得长远的大利。

有个人非常羡慕一位富翁所取得的成就，于是跑到富翁那里询问成功的诀窍。

富翁弄清楚了这人的来意后，什么也没有说，而是转身拿来了一只大西瓜。他迷惑不解地看着，只见富翁把西瓜切成了大小不等的3块。

"如果每块西瓜代表一定程度的利益，你会如何选择呢?"富翁一边说，一边把西瓜放在这人面前。

"当然选最大的那块!"这人毫不犹豫地回答，眼睛盯着那块最大的西瓜。

富翁笑了笑："那好，请用吧!"

富翁把最大的那块西瓜递给这人，自己却吃起了最小的那块。当这

人还在享用最大的那块西瓜的时候，富翁已经吃完了最小的那块西瓜。接着，富翁得意地拿起剩下的一块西瓜，还故意在这人眼前晃了晃，大口吃了起来。其实，那块最小的西瓜和最后一块西瓜加起来要比这人手拿的最大的那块西瓜大得多。

这人马上明白了富翁的意思：富翁吃的两块瓜表面上看都没自己的大，但加起来却比自己吃得多。如果每块西瓜代表一定程度的利益，那么富翁赢得的利益自然比自己的利益要多很多。

吃完西瓜，富翁讲述了自己的成功经历。最后，他语重心长地对这人说道："要想成功就要学会放弃，只有放弃眼前小的利益，才能获得长远大利，这就是我的成功之道。"

"利益"就像一块蛋糕，无时无刻不在吸引着路过者的眼球。胡雪岩说："如果你拥有一县的眼光，那么你就可以做一县的生意；如果你拥有一省的眼光，那么你就可以做一省的生意；如果你拥有天下的眼光，那么你就可以做天下的生意。"

走路、爬山需要向远看，经商赚钱干事业也需要把目光放远些。一个人如果只顾眼前利益，即使得到也是小利，是短暂的快乐；如果眼光放长远，则能收获长久的大利、长久的快乐。

三个年轻人一同结伴外出，寻求赚钱机会。

在一个偏僻的山村，他们发现了一种又红又大、味道香甜的苹果，这种苹果仅在当地销售，售价非常便宜。

第一个年轻人立刻倾其所有，购买了10吨苹果，运回家乡，再以比原价高两倍的价格出售。这样往返数次，他成了家乡的第一个富裕户。

第二个年轻人用了一半的钱，购买了 100 棵苹果树苗，运回家乡，承包了一片山坡，把树苗栽上。整整 3 年的时间，他精心看护果树，浇水灌溉，没有一分钱的收入。

第三个年轻人找到当地人，用手指指果树下面，说："我想买些泥土。"当地人一愣，接着摇摇头说："不，泥土不能卖。卖了还怎么长苹果？"第三个年轻人弯腰在地上捧起满满一把泥土，恳求说："我只要这一把，请你卖给我吧！要多少钱都行！"当地人看着他，笑了："好吧，你给 1 块钱拿走吧。"

第三个年轻人带着这把泥土，返回家乡，把泥土送到研究所，化验分析出泥土的各种成分、湿度等。然后，他承包了一片荒山坡，也用了整整 3 年的时间，开垦、培育出与那把泥土一样的土壤。然后，他在上面栽种上苹果树苗。

10 年过去了，这 3 个一同结伴外出、寻求赚钱之路的年轻人的命运却迥然不同。

第一个购买苹果的年轻人，现在每年依然要去购买苹果，来回运输进行销售，但是因为当地信息和交通已经很发达，竞争者太多，所以每年赚的钱有限，有时甚至还会赔钱。

第二个购买树苗的年轻人早已拥有自己的果园，但是因为土壤不同，长出来的苹果有些逊色，但是仍然可以赚到一定的利润。

第三个购买泥土的年轻人种植的苹果果大味美，每年秋天都引来无数的购买者，总能卖到最好的价格。

现实中，有些眼前的利益不见得是最大、最好的利益。如果用同等

的精力和时间去做其他赢利的事情，虽然一下子没有那么大的利益，但是因为做的事情多，故总的利益也许比做一件事情要大得多。所以，放弃眼前的蝇头小利，也许就能获得长远的大利。

台湾著名企业家王永庆年轻时开了一家小米铺。不久，隔壁开了一家日本大米铺。王永庆店小本薄，竞争不过隔壁，于是，他想了一个办法。当时大米加工技术落后，米中掺杂大量米糠、沙粒、小石头等。王永庆想到买米人淘米前的辛苦，于是自己每次将进货来的米先挑干净，价格却不变。这一额外服务深受买米人好评，王永庆的名声越来越响，大家纷纷到他的店买米。

对一些熟客，王永庆还采取上门服务手段。每次卖米前，他总是将熟客要的米的数量记在本子上，估摸人家快吃完了，他就送米上门，到人的家里后，先将人家的米缸清干净，将新米放下，陈米放上，赢得了许多人的赞赏。

王永庆不看小利，眼光长远，无私为顾客服务的品格，赢得了他人的赞赏。这也是他最后能成就大事的重要因素。

很多人在遇到难题时，会抱怨，会后退，甚至会甩手不干。实际上，干什么事都不会是一帆风顺的，更没有把钱扔在你面前，让你去捡的好事。太看重眼前小利的人，由于目光短浅，做事冲动，只想占有，不想付出，因而，最终不会得到"大利"。

君子爱财，取之有道。所谓"道"就是合理、合法、合适地取，而不是"取点是点"，"取一次不管第二次"的做法。人做事一定要把眼光放长远，从全局、长远利益出发。

正确把握"得"与"失"

真正的智者，拿得起，也放得下。一个人背负再多的金钱，想登上山的顶峰，也必须抛下它，否则只会毁掉自己。

俗话说：舍得舍得，有舍才有得。很多人都明白其中的道理，但当要"舍"时，特别是要"舍弃"已拥有的东西时，往往会彷徨、犹豫，会心疼，会不舍，加上由于"得多少"还是个未知数，于是，有些人就自以为聪明地选择了"守"，当然，后面的"得"也就无从谈起了。

一个独自在荒凉的沙漠中旅行的人，在走了两天两夜之后，他的身上已经没有任何可以吃的东西了，更糟糕的是，他已经没有水了，他非常渴。很快，更不幸的事情发生了，这个人在途中遇到了暴风。风卷起漫天的黄沙，使他的眼睛都无法睁开。一阵狂沙吹过之后，他已认不得正确的方向。

两天后，烈火般的干渴几乎摧毁了这个人的生存意志。绝望中，他发现了一幢废弃的小屋。他拖着疲惫的身子走进小屋，发现这里除了一堆废弃的木材之外，什么也没有。当他几乎绝望地走到屋角时，意外地发现了一台抽水机。

放下

他兴奋地上前抽水，可任凭他怎么使劲，也抽不出半滴水来。正当他颓然地坐在地上时，他看见抽水机旁有一个小瓶子，瓶子上贴了一张泛黄的纸条，纸条上写着：你必须把这瓶水灌入抽水机才能引水！不要忘了，在你离开前，请再将瓶子里的水装满！

果然，当他拨开瓶塞时，发现瓶子里装满了水！

这个人的内心开始了交战——如果自私点，只要将瓶子里的水喝掉，他就不会渴死，就能活着走出这间屋子；如果照纸条上写的做，把瓶子里仅有的水，倒入抽水机内，万一还是抽不出水来，他就会渴死在这里了——到底要不要冒险？

思考良久，最后，他终于决定把瓶子里仅有的水全部灌入这个看起来破旧不堪的抽水机里。

没想到，当这个人按照要求将水倒入后，真的从抽水机里涌出了大量的水。他高兴地喝足水后，依旧将瓶子装满水，用软木塞封好，然后在原来那张纸条后面，加上了一句他自己的心里话：相信我，真的有用。

几天后，这个人终于走出了沙漠。

人生最大的幸福和不幸，实际上就体现在"得"与"失"上，而这都由自己来掌控。人生最大的"得"，应该是"生"。我们从父母那里得到生命，不是最大的"得"吗？没有这个"得"，就没有以后的"得"。而人生最大的失，应该是"死"。当这一刻来临时，我们便会交出这一辈子的"所得"，包括自己的生命，这不是最大的"失"吗？

人不能苛求"总是得"，实际上，"能够得"就足以让我们欣喜不已了。至于"失"，则非常正常，绝不能成为活不下去的借口。人生不是简单的"得"与"失"的博弈，人生的精彩在于对"得"与"失"的正确认识。

把什么放在人生的第一位？这个问题是对每个人的考验。有人把"利"放在第一位，有人把"健康"放在第一位，等等，世上人有千样，答案就有千种。

人生真正的含义其实就是"得"与"失"，所有一切均在"得"与"失"之中，所以要正确把握"得""失"。

不给自己留退路

在生活中，"给自己留退路"是一句俗语，意思是在人际关系中，不要将所有关系堵死，要给自己留下迂回腾挪的地方。然后，干大事的人往往不会给自己留退路。

不给自己留退路，让自己没有回旋的余地，方能竭尽全力，锐意进取，就算遇到千万困难，也不会退缩，因为回头没有路，因此，只能不顾一切地前进，这样或许还能找到一丝希望。

不给自己留退路，实际上是一种"拼命"和"豁出去"的信念，它可以彻底消除人心中的恐惧、犹豫、胆怯。因为，当一个人不给自己留任何退路的时候，他就什么都不怕了，勇气、信心、热忱等会从他的心底油然而生，到最后他有可能"置之死地而后生"。

恺撒在掌权之前，是一位出色的军事将领。

恺撒奉命率领舰队前去征服英伦诸岛。他在检阅舰队出发前，才发现一个严重的问题：随船远征的军队士兵人数少得可怜，而且武装配备也残破不堪。妄想以这样的军队征服骁勇善战的盎格鲁撒克逊人，无异于以卵击石。

但恺撒还是决定启程，驶向英伦诸岛。舰队到达目的地之后，恺撒等所有士兵全部下船后，立即命令亲信部属一把火将所有战舰烧毁。同时，他召集全体士兵训话，明确地告诉他们，战船已全部烧毁，大家只有两种选择：一是勉强应战，如果打不过勇猛的敌人，后退无路，只得被赶入海中喂鱼；二是不管军力、武器、补给的不足，奋勇向前，攻下该岛，则人人皆有活命的机会。

士兵们人人抱定必胜的决心，终于攻克强敌，而恺撒也因为这次成功的战役，打下了日后掌权的基础。

人在摔倒时，如果不爬起来，只能倒卧在地。不给自己留退路，实际上就是让人拥有保持不败、不后退的勇气。

一个人失去钱财，还可以再挣；失去了勇气，就失去了奋斗的全部希望。

关键时刻，我们需要有"破釜沉舟"的勇气，要敢于不给自己留退路。只有这样，我们才能以更大的勇气面对挑战，最终摘取胜利的果实。

背水一战、破釜沉舟的军队往往能获得胜利。同样，一个做事不留退路、一心向前的人，往往也会取得事业的成功，因为他无路可退。

一个人能否成功，取决于他意志力的强弱。意志坚强的人不管遇到什么困难和障碍，都会百折不挠、想方设法地克服困难；意志薄弱的人一旦遇到困难，甚至在困难未到来之前，就开始庸人自扰、彷徨失措，当困难一个接一个到来时，他们只能一步接一步地后退，直至最后无路可退，束手待毙。勇气是人的"胆商"，成大事少不了它；勇气更是人的灵魂的支撑，如果缺乏勇气，人就失去了行动的动力。

退一步海阔天空，让三分心平气和

人与人交往，一定要学会忍让、谦让。强争高下，你有可能赢，但这种强争下来的"赢"只是一时的风光，你失去的将是永久的和。

一天，动物集会，举行搬运木头的比赛。

动物们各自盘算着夺取冠军的事。黑熊力量很大，它心想，如果比赛顺利的话，自己拿个冠军是没问题的；野猪认为自己浑身都是力气，而且经常从事体力劳动，练就了一身硬功夫，冠军非它莫属；猎豹认为自己奔跑速度快，身手敏捷，自己如果能发挥出速度快的优势，夺取冠军是不成问题的；大象认为自己力大无穷，搬运的工作是它的特长，如果能够发挥正常水平，夺取冠军就如囊中取物一样。黄羊也报名参加了比赛。大家觉得黄羊个头不大，力量也不大，跑得也不是很快，认为它只是参与而已，没有夺冠的实力。

按照比赛规则要求，参赛者将木头从河东岸运到河西岸，必须走过架在河上的一座独木桥。在不落水的情况下，谁运送的木头多，就算谁赢。

比赛开始了，黄羊扛着木头走到桥边。它正想过桥时，发现黑熊已经运完了一根木头回到了桥边。黄羊想，还是让黑熊先过吧，自己晚过去一会儿，不会对比赛成绩有什么大影响，而且，两边都想过桥，总得有先有后，有谦让，同时过桥肯定是不行的。就这样，黄羊每到桥边，只要发现有别的动物走到桥边，它总是让别的动物先过桥。观看比赛的动物们都纷纷说黄羊过于善良，每次过桥总是给别的竞争者让路，这样肯定会输掉比赛的。

两个小时之后，最后宣布比赛的结果，黄羊获得了比赛冠军。大家都不相信这是真的。但经裁判细说比赛经过，大家才恍然大悟。

原来，只有黄羊肯为其他竞争者让路，所以它每次都能顺利过桥。而其他的参赛者都不肯为对方让路，你不让我，我不让你，浪费了大量的时间。大象和黑熊甚至在桥上动武，结果双双跌到桥下，丧失了比赛的资格。猎豹和野猪在桥上谁也不肯给对方让路，结果它们结了仇，相约到河边去角斗。斗了一个小时，他们也没有斗出高下，忘记了比赛这回事。只有黄羊自始至终一刻不停地运送木头。它运送的木头堆积得如小山一般，所以它是名副其实的冠军。

给对方让路，就是给自己让路。这是黄羊取胜的秘诀。退一步海阔天空，让三分心平气和。很多人为了一些鸡毛蒜皮的事情而大动干戈，以至于伤了和气。其实，必要的忍让是化解怨愤的催化剂，是调节人际关系的良药。忍是牺牲小我的利益而保全大局，它需要的是一个人有强大的自信和坚韧的性格。善于忍让，不是懦弱的表现，而是人生的大智慧。

凡事让步、忍耐，好像是吃了亏、服了输，其实不然。退让、忍耐

是一种极其聪明的处世哲学。这种做法既是为他人着想，同时也是为自己留下更多方便的空间，与人方便，与己方便。

　　遇事让他人一步是极为明智的，因为让一步等于为进一步打下了基础。

　　遇事忍他人一时更是一种智慧，因为忍一时会使人平和、从容，更有利于更好地处理事情。

扬长避短，"借势而为"

在优胜劣汰的社会竞争中，单打独斗的"孤胆英雄"已经踪迹难觅，取得成功的多是选择"借势"的高手，正所谓：好风凭借力，送我上青云。

《三国演义》中"借势"的例子有很多，如：诸葛亮草船借箭，正是利用"借"轻而易举地达到了自己的目的；"万事俱备，只欠东风"，借得东风使孙吴联军一举大败曹军。

有人说过，一切都是可以"借"的。借势就如"借梯登高"，借势助己。如今这个世界的所有资源都已经具备，就看你会不会"借"，会不会按照你所需要的，运用你的智慧把它们有机地组合起来为你所用。

比尔·盖茨说过："一个善于借助他人力量的企业家，应该是一个聪明的企业家。"在做事的过程中，善于借助于他人力量的人是聪明的人。因为他们明白一个人想做事，单枪匹马是不行的，只有借助于他人的力量才能进一步增强和壮大自己的力量，这也是扬长避短，取他人之长舍自己之短的结果。

西汉开国皇帝刘邦就是善于"借势"的高手，刘邦在总结自己的成功

时有一段发人深省的话："论运筹帷幄之中，决胜于千里之外，我不如张良；论抚慰百姓，供应粮草，我不如萧何；论领兵百万，决战沙场，百战百胜，我不如韩信。可是，我能做到知人善用，发挥他们的才干，这才是我取胜的真正原因。至于项羽，他只有范增一个人可用，但又对范增猜疑，这是他最后失败的原因。"

正是由于刘邦善于挖掘、借用众人的智慧，他才依靠众人的力量最终取得了胜利。而楚王项羽自认为了不起，不借人，不借势，仅仅靠一己智谋和力量，听不得劝，不肯纳谏，最后惨遭失败，落得个自刎乌江的下场。

还有这样一个流传已久的故事：

大英图书馆新馆建成后，需要把老馆的书搬到新馆去。这本来没什么难的，直接找一个搬家公司就可以了，但是一预算却发现竟然要350万英镑的搬家费，图书馆没有这么多钱。但如果不马上搬，到了雨季损失就大了。馆长为此一筹莫展。

后来，有一个馆员想到了一个解决方案，仅需要150万英镑，由于比原来的预算低了很多，馆长立即同意了，不久就实施了馆员的新搬家方案。结果最后连150万英镑的零头都没用完，就把图书馆里的书给搬完了。原来，图书馆在报纸上发出了一条消息：从即日起，大英图书馆免费无限量地向市民借阅图书，条件是从老馆借出，还到新馆去。

一个令馆长愁眉不展的问题，如此简单地解决了。可见借力发力，会产生多大的效果。

我们都知道"狐假虎威"的故事。狐狸本是弱者，但是它巧妙地借助老虎的威风吓退了百兽，大长了自己的气势。世间"借势"的手段有很多，借脑、借力、借人、借钱……一些成语、俗语也留下了"借势"的内容，譬如"借船出海""借鸡生蛋""借网捕鱼""借东风"等等，都是靠"借"增长自己一方的势力或威风。

如今，很多产品凭借市场的流行元素来扩展自己的销路，像在儿童玩具上印的孩子们喜欢的动漫作品形象取得了很好的销售量，在电影和电视中植入流行产品广告帮助企业扩大宣传等等，这些都是"借势"，以此来帮助企业扩大影响力和品牌号召力。

借力、借势是人们经常选择的手段。荀子在《劝学》中说道："假舆马者，非利足也，而至千里；假舟楫者，非能水也，而绝江河。君子生非异也，善假于物也。"这段话翻译成白话就是：善于利用马的人，没有厉害的脚力，也可到达千里之外；善于利用船的人，即使不会游泳，也能穿越江河。君子没有特殊的地方，只是善于借物罢了。

所以说，一个人如果能够在挫折、困难和逆境之中"借势"、"借力"，就有可能走出困境，平步青云。对于"善借者"而言，成功不再是遥遥无期的梦想。

人贵自助

　　植物界有一种植物叫猪笼草。它有个器官叫捕虫笼，呈圆筒形，下半部稍阔大，上部收缩，笼口上有盖子，形状就像猪笼。通常情况下，猪笼草将小盖子敞开时，会散发出小虫子喜欢的香甜气息，将各类飞虫引诱过来。飞虫一旦不幸落入捕虫笼中，其顶端的盖子就会及时合拢，猪笼草就慢慢享用囊中之物。

　　猪笼草的生存环境并不好，但它利用自己的优势开启了求生之路。捕虫笼是它唯一的优势，靠着它，猪笼草过着"衣食无忧"的生活。

　　牛仔裤从诞生到现在延绵了一个半世纪，仍然经久不衰。它的创始人是李维·斯特劳斯。

　　1848 年，美国西部加利福尼亚州发现了金矿的消息传遍全国，无数做着发财梦的人们蜂拥而至，引发了美国历史上著名的"淘金热"。

　　李维当时仅 20 岁出头，非常聪明。他没有同那些淘金人一样只专注于从沙土里淘金，而是将发财的目标投向成千上万的淘金人身上。

　　1853 年，李维采购的大批帐篷、马车篷用的帆布卖不出去。看着成堆的帐篷和帆布，他突然想到，淘金人身上的衣服极易损坏，何不用帆布裁成耐磨的衣服呢？淘金人一定喜欢。于是，李维根据帆布粗硬耐磨的特点，试着裁成低腰、直腿、臀围紧小的裤子，卖给淘金人，结果大受欢迎。从此，李维开办了专门生产帆布工装裤的公司，为淘金人和伐木工等制作耐磨、便宜的裤装，还以自己的名字"Levi's"作为产品的品牌。

一个人想在社会上占有一席之地，就要善于开拓自己的思维，将自身优势发挥到极致，这就是自助。如能再借助他人，则会使自己省力多多、省时多多，节约奋斗的时间及成本。

现实生活中，有些人不好意思向他人求助，总认为自己要发掘自身潜能，靠自助，求人费心、费力、费时，他人还未必帮忙。这是求人帮忙的误区。他人帮忙能帮则帮，不能帮可以再找其他人。因为，上天赋予一个人的东西是有限的，一个人即使具有聪明才智，也有需他人帮助的时候。

手破了就要用纱布包扎，每个人遇到这种情况都是这样做的，但是，有没有人曾想想是否还有其他更好的办法，有一个人想到了，他就是创可贴的发明者埃尔·迪克森，他改变了世界。

20世纪初期，迪克森刚刚结婚，在一家生产外科手术绷带的公司工作。他的太太非常喜欢每天亲手为丈夫准备晚餐，但是由于对烹调毫无经验，常常不是被菜刀割破了手，就是被烫伤。迪克森每天都为太太担心，担心太太的手被割伤，无人帮忙包扎。所以他就考虑着要为太太发明一种可以自己包扎的绷带，最终迪克森成功了，他发明出了创可贴。

这一发明被公司主管凯农先生命名为 B and－Aid，也就是邦迪。接

下来，这种创可贴风行全世界。现今，创可贴成了人们必备的东西，也为迪克森带来无穷的财富。创可贴也因为使用简便、有效，被列为20世纪影响生活的十大发明之一。

肯动脑筋、不断进取是人的一种可贵的精神。人做事情，只要积极寻找解决问题的方法，就能成就大事。但在这个过程中，自助只是成功的一方面，有时还需要他助，诸如他人帮忙、他人启发、运气，等等。相信自己是最棒的，是自助，再有他助，成功就会很快到来。

等待机会，不如创造机会

人生的 1/3 时间是在做事，但是做事不等于不敢挑战自己的事业。有些人做事，领导让做什么就做什么，像个机器人；而有些人在做事的过程中，善于动脑筋解决问题，不断给自己创造机会，挑战事业。所以我们会发现，同样的人做同样的事，有些人做得很一般，有些人则做得有声有色，风生水起。如果人能在做事中选择不等待机会而是创造机会，那么其事业应该比等待机会的人要好得多。

两个石匠在太阳下挥汗如雨地工作着，有一个过路的人问他们："你们觉得辛苦吗？"

甲石匠点了点头，一脸无奈地说："辛苦，我每天都要面对一些毫无生命的石头。为了完成一件雕塑，有时不知要磨坏多少根铁锥。"说着，他伸出满是老茧的手掌给路人看。

乙石匠却说："肯定累啊，但是我能用手中的锤子和铁锥赋予这毫无生命的石头以鲜活生动的生命，感到很快乐。尤其是当我雕刻出的那些作品被运送到很远的城市摆放时，会有许多人看到我的作品，我为此而感到自豪！"

多年以后，乙石匠成了一位远近闻名的雕刻师，他的每一件作品都能卖到很高的价钱；而甲石匠依然是日复一日、愁眉不展地做着与从前毫无分别的工作。

两个石匠的差别如此之大，最大的原因就是一个在创造机会，愉快地工作，而另一个只是为生计而"干活"。

有研究表明，一个人如果做事的积极性高，就能发挥出其全部才能的80%～90%；相反，一个人如果做事总是被动地去干，就只能发挥他20%～30%的才能。

人生的目标不管是大是小，兢兢业业地做好事都是实现人生目标的第一步。然而，如果只选择敬业而不去创造做事的机会，敬业能坚持多久也是要打上一个大大的问号的！

爱因斯坦在60多岁以后，每天还工作14个小时以上。有人问他："你每天工作那么长时间，不觉得辛苦吗？"爱因斯坦回答说："辛苦？我从来没有觉得辛苦。我总能发现新的问题，总想着去解决新出现的问题，这样，一个问题接着一个问题出现，一个问题接着一个问题解决。我认为工作是一种享受。"

居里夫妇在成吨的工业废渣中提炼"镭"，几十年如一日，非常艰辛与枯燥，但他们怀着找到"镭"的梦想，从没有认为这项工作是辛苦的，也从没有为工作抱怨，产生不干的念头。尽管他们一次次失败，一次次从头再来，但执着使他们最终发现了镭。

人如果总是等待机会，就难以产生干事业的热情，做事就会成为无休无止的"苦役"，这是非常可怕的事情。反之，人如果创造机会，做事就会充满兴趣，就会积极热忱，就会从做事中享受到极大的乐趣，即使遇到困难，也绝不会放弃。

卡耐基曾经向一位著名的成功人士请教成功的第一要素是什么，得到的回答是："爱上你的事业，做自己喜欢的工作。"

因此，我们不应该仅仅将做事当作谋生的手段，而是要学会在做事中创造机会，完成一个个目标，把事业当成自己挑战自己的舞台。积极主动的人都是善于创造机会、抓住机会的人；而消极被动的人即使机会放在眼前，也会被他们以各种借口拖延或不做，让机会白白溜走。

不怕"吃亏"就不会"吃亏"

"吃小亏占大便宜。"这是中国的一句俗语。听起来似乎有些不合常理，但实际上却揭示了做人的真理。比如：邻里之间互相谦让，都舍得吃点小亏，就会维持和睦的生活氛围；公交车上让座，会让全车变得温馨。为人处世学会谦让，不怕"吃亏"，既是为他人着想，同时也是为自己提供便利，何乐而不为呢？

"吃亏是福"也是中国的一句俗语。很多人对把"吃亏"和"福"联系在一起很不理解，认为它们是风马牛不相及的事。但这也是经过实践证明了的真理。比如，当起纷争时，如果你能退后和忍让，纷争就会消弭，矛盾就不会升级，你也能平安保全；再比如，争利争名时，如果你主动退出，不往前冲，虽没名没利，但身心快乐，不用再以名利约束自己，何乐而不为呢？

战国时，梁国与楚国相临。两国一向有敌意，在边境上各设界亭。两边的亭卒在各自的地界上都种了西瓜。梁国的亭卒勤劳，锄草浇水，瓜秧长势很好；楚国的亭卒懒惰，不锄不浇，瓜秧又瘦又弱，惨不忍睹。

看着对面梁国的瓜地，楚国的人觉得失了面子。一天晚上，乘月黑风高，楚国的人偷跑过去把梁国的瓜秧全都扯断。梁国的人第二天发现后，非常气愤，报告给县令宋就说："我们要以牙还牙，也过去把他们的瓜秧扯断。"

宋就说："楚国人的这种行为当然不对。但别人做得不对我们也不能因此就跟着学，那样心胸就太狭隘了。你们照我的吩咐去做，从今天开始，每天晚上去给他们的瓜秧浇水，让他们的瓜秧也长得好。而且，这样做一定不要让他们知道。"

梁国的人听后虽然不大情愿，但还是照办了。

楚国的人发现自己的瓜秧长势一天比一天好起来，仔细观察后发现，每晚梁国的人都悄悄过来替他们浇水。

楚国的县令听到亭卒的报告，感到十分惭愧又十分敬佩，于是上报给楚王。楚王深感梁国人修边睦邻的诚心，特备重礼送给梁王以示歉意。后来这一对敌国成了友好邻邦。

亏和赢是相对的，人活一辈子，再精明的人，再能算计的人，再不想"吃亏"的人，也会有"吃亏"的时候。而敢于"吃亏"的人，实际上是对生活有了深刻的感悟，有了对社会的感悟后才能做出来的举动。人都有趋利的本能，但总想占便宜，吃不得一点亏的人，是干不成大事的。

古时，有一年过年时，皇帝一高兴，就下令赏赐每个大臣一只羊。在分羊时，大臣们犯了难，不知怎么分。因为羊有大有小，有肥有瘦。

正当大家束手无策时，一位大臣从人群中走了出来，说："这些羊很好分。"说完，他就近拎了一只小羊，高高兴兴地回家了。

众大臣见了，也都纷纷仿效那位大臣，不加挑剔地拎一只羊就走。

该大臣如此举动，不仅得到了同僚们的尊敬，也得到了皇帝的赞扬。

糖是甜的，盐是咸的。它们是味道的两极，互为正反。如果想要使食物尝起来是甜的，只要加点糖就够了。然而事实上若我们再加上些盐，反而更能增加糖的甜度与味道。这是因为调和了互为正反的两种味道而产生的一种新鲜滋味。这也说明了一个道理："吃亏"不一定是坏事。

何谓"吃亏"？何谓不"吃亏"？生活中没有一定的论断。人最怕互相比较，"攀比"会让人失去理智，盲目处事，身心受到伤害。因此，人要放宽心胸，不怕"吃亏"。

成功不会从天而降

有的人通过观察马的牙齿，看马的牙口，就能迅速说出马的岁数。有的人通过观察树木的年轮，看树木的年龄变化，就能考察出多种自然现象，例如：气候的变迁、太阳的活动规律、地方病的真相、火山喷发的印记、地震的启示、过去的历史真相、环境问题等等，这些自然现象在树木的年轮里都有不同的印记，树木的年轮会以各种不同的形式将其表现出来。

俗话说："劈柴看纹理，说话凭道理。"意思是说，一个人在劈柴的时候，如果能发现树木纹理的规律，按照树木的纹理来劈柴，就能省时、省力。人说话如果讲理，听众就能口服心服。

战国时，有个姓丁的厨师替梁惠王宰牛。他手所接触的地方，肩所靠着的地方，脚所踩着的地方，膝盖所顶着的地方，都发出皮骨相离声，这些声音没有不合乎音律的。

梁惠王就问丁厨师他的技术为什么这么高明，丁厨师说他只是喜欢寻找规律。他在开始宰牛时跟别人看到整牛一样；三年后，他看见的只是牛的内部肌理筋骨。在宰牛的时候，他不是用眼睛去看，而是用精神

去和牛接触，也就是说视觉停止了，精神还在活动。他能顺着牛的肌理结构劈开筋骨间大的空隙，然后沿着骨节间的空隙使刀，宰牛的刀从来没有碰过经络相连的地方，也没碰过紧附在骨头上的肌肉和肌肉聚结的地方。

这就是"庖丁解牛"成语的由来。

人的一生不仅仅只是简单地活着，吃饱喝足睡好就可以了，而是一个不断自我超越的过程，一个不断为社会创造财富、积累财富的过程。当然，事情有大有小，但做事不分大小。真正有心做事的人，不论扫大街还是研究造原子弹，都会全力以赴，用心去做，直至做到最好。

宋朝有个叫陈尧咨的人，很擅长射箭，他射出的箭十有八九能射中，他也因此经常自夸。一天，有个卖油的老头见他射箭，只是微微点头称许。陈尧咨就问老头是否也会射箭，本领是否也是如此精湛。卖油老头说他不会射箭，也不懂射箭，但他认为陈尧咨也没什么别的本领，射箭准确只不过是手熟罢了。陈尧咨听了很是气愤，说老头轻视他射箭的武艺，非要和老头理论。

老头说："我给你表演我的本领看看，和你那个差不多，没什么别的窍门，只是凭借经验手熟罢了。"老头说完，取出一个葫芦放在地上，用铜钱盖在它的口上，然后，用勺子慢慢把油倒进葫芦，油从铜钱的孔中注进去，却不沾湿铜钱。陈尧咨见状，问他为什么技术如此精湛，那个卖油的老头笑笑说，也没什么特别的技巧，只不过是手熟罢了。

上面的两个故事，看似是某个领域熟能生巧而成，实际上它们揭示了一个最为浅显的道理——成功不会从天而降。成功需要人脚踏实地，不怕辛苦，坚持不懈才能达到；成功不是简单地重复，而是在重复中不断摸索技巧、不断实践的过程；成功更不是一日而成，而是在挫折、困难、逆境中经受考验而成。

成功从不会从天而降，成功都是"熬出来"的，是和自己"较量"出来的。

学会"妥协"，求同存异

在有些人的大脑中，一就是一，绝不能成为二。这种思维方式其实是错误的，因为人生是多项选择题，而不是单纯的是非判断。对他人、对现实甚至对自己，如何判断，要根据此情此景、彼情彼景，因为人是变化的，事物也是变化的。刚极易折，适当的"妥协""不当真"是必要的，就如同有时放弃才是明智的选择。

人在社会中生活，离不开与人相处。人与人交往，如果固执己见、刚愎自用、一意孤行，是没有多少朋友与合作伙伴的，反而会使自己处于孤立。而适当地"妥协"，不仅能换来周围人的让步，达成相互理解、共识，也容易形成合作关系，取得双赢。

"不当真""会妥协"是人生选择题中的大智慧，也是不可缺少的人际关系"润滑剂"。

孔子有一次没米下锅了，就叫子路去一个有钱人那里请求施舍一点米。那个人知道来意后说："你既然是孔子的学生，一定认得字。我写个字给你认，认对了，就给你们米；不认得，就不给。"

于是，那人写了一个真假的"真"字。子路说："这个字你还拿来考我，这是'真'嘛！"那个人把门一关说："你认不得，不给米。"

子路回去告诉老师，孔子说："我们到了这一步，连饭都吃不上的时候，你还认'真'个什么！不应该认'真'了。"

于是，孔子亲自出马，说这个"真"字念"直八"。那个人听了，哈哈大笑，将米送给孔子。

世界上很多事情其实是很无奈的，不能太认真、太较劲，特别是涉及人际关系、利益权势时。因为社会关系错综复杂，盘根错节，若是过于认真，有可能不是扯着胳膊就是动了筋骨，越搞越复杂，越搅越乱。所以，在不丧失原则和人格尊严的情况下，该哈哈一笑的时候就不要紧绷着脸，该"妥协"的时候就一定要"让步"。

对于个人来讲，"妥协"能够使自己随机应变，进退自如；对于团队来讲，"妥协"能够沟通意见、团结同事，形成战斗力；对于敌对双方来讲，"妥协"能够加深理解、达成共识，化干戈为玉帛。总之，"妥协"不是一个贬义词，更不是"耻辱"的代名词。

孔子周游列国时，一天，碰到两个小孩争论。一个小孩说四八三十二，另一个小孩说四八三十三。他们看到孔子及一队人马来了，便拉着孔子给评判一下，还说判对了，他们将捡的柴火送给孔子。

孔子听完原委，将柴火给了那个说四八三十三的孩子。那个孩子高高兴兴地走了；而说四八三十二的孩子十分生气，说孔子一定判错了。

孔子笑道："孩子，你没错，坚持你的就行了，他如此坚持，只好让真理以后给他教训了。现在你们俩谁也不服谁，如果总是纠缠，外人评判也不管用啊！"

　　这个故事说明，某些场合不必太较真，如果一定要弄个一清二楚，有时会失去和气；相反，避开风头或锋芒，以后再论，反而能缓解紧张的气氛。

　　当然，"不当真""妥协"也要分情况，能"不当真"、能"妥协"就"不当真"、"妥协"，不能做到，想别的方式避免争斗也可以，但绝不能把自己宝贵的时间、精力等投入到争斗之中，甚至使形势恶化、扩大，继而使自己各个方面朝不利方向转化。

　　水至清而无鱼。人如果每天戴着放大镜和显微镜看人看物，那人人都有一身毛病，物物都不干净。所以，求大同存小异应该成为人之常态，吹毛求疵、求全责备、明察秋毫、眼里不揉沙子的做法要坚决摒弃。

第六章

得意淡然，失意泰然

　　人的一生，苦、乐、悲、喜，各种各样的事都会遇到。当不顺心萦绕我们的时候，我们要学会选择，学会放弃，尤其要选择放弃烦恼和忧愁，选择乐观心态，这样才能在得意时心淡然，失意时心泰然。

学会简单生活

《庄子·天运》中说：白天鹅不需要天天沐浴，身上的羽毛也一直都是洁白的；黑天鹅的羽毛永远都是黑色的，并不是因为它整天滚在黑色染料里。天鹅的羽毛白和黑都是出于自身本来，不是苛求的结果。

有个老师给学生们出了这样一道题：一个人面向东，一个人面向西，他们中间至少要几面镜子才能互相看到对方的脸？

学生们一边绞尽脑汁，一边比比画画。答案很多，有说 2 面的，有说 4 面的，还有说 6 面的……

这时，一个在旁边玩耍的小孩"嘻嘻"地笑了，他说："你们都错了，1 面镜子也不要。"

立刻有学生斥责他："小孩子懂什么，一边玩去！"

老师却十分认真地问他："你说说，怎么不要镜子？"

那小孩说："他们两个是面对面站着的嘛！"

最后，老师宣布正确的答案：所有的学生都错了，只有小孩说对了。老师补充说："有些人容易犯错误，是因为他们自认为自己知道得多，以为自己很聪明，所以常常把一些本来很简单的问题想得很复杂。"

生活中，经常可以看到两种极端化的人，一种是把简单的问题复杂化，一种是把复杂的问题简单化。这两种人，前者把事情想象得过于困难，后者则把事情想象得过于简单。真正有智慧的人是按事物本能来做，既不看得过重，又不看得过轻，而是找准问题所在，一语中的，一针见血，准确处理问题。

有这样一个故事：

有一年，法国一家报纸组织了一次有奖智力竞赛，其中有这样一个题目：如果法国最大的博物馆卢浮宫失火了，情况紧急，只允许抢救出一幅画，你会抢救哪一幅？

在该报纸收到的成千上万个答案中，有一个人以最佳答案获得该题的奖金。

这个人的回答既简单又实在："我抢救离出口最近的那幅画。"

据研究考证：蚂蚁的视力不如人类，大脑也比人脑小得多，但数百万只的蚂蚁大军日复一日地不停搬家、赶路而从未出过差错，原因就是它们的出行策略很简单，"盲目"地遵循着一条路线行动，不存一丝怀疑。

人每天开车行路，每个人都想"快点，再快点"，但如果不按交通规则行车、走路，反而去"加塞"、"堵道"，大家都快不起来。因为车多，道路上常常拥满了车，谁也动弹不得；因为人多，大家都不按指示灯行路，就会到处是人。所以，如果人们的心态简单一点，遵守交通规则，不乱争乱抢，就能大大减轻交通堵塞。

每个人都渴望简单的生活，但生活有些是简单的，大多数则是复杂的。复杂的生活大多有规律可循，因此，只要找准规律，不过于苛刻，不过于追求完美，复杂的生活相对就会变得简单一些；反之，粗心大意、马虎生活，即使是简单的生活也会过不好。能简单的事一定要简单，切不要在简单上平添几分复杂。

当然，简单不是"凑合"，不是"简陋"，简单生活、简单思维、简单做人处事，是在心灵成熟的基础上将复杂的"枝节"去掉，保留"主干"，简单行事。所以，在生活中，要尽量学会简单一点。

不要事事追求完美

　　追求完美，是人类自身在渐渐成长过程中的一种心理特点，或者说是一种天性。人如果只满足于现状，而失去了对完美的追求，那么人类今天大概只能在森林中爬行。

　　人只有对事物要求尽善尽美，愿意付出全部的精力去把它做到天衣无缝、完美无瑕的地步，才能不断获取成果。追求完美本是人的一种积极的态度，但行事如果过分追求完美，结局又达不到完美，人的心理必然会产生落差。在这个过程中，有些人会把"不完美"看成是对自己做事的动力，日后会更加勤奋；而有些人则会把"不完美"看成是对自己的压力，一旦认为"不完美"，便怨天怨地，把责任推给他人、他处，甚至自暴自弃。

　　一位老和尚为了选拔理想的传人而想出了一道"考题"。老和尚对两个弟子说："你们出去给我捡一片你们认为最满意的树叶回来。"两个弟子领命而去。

　　时间不久，胖弟子回来了，递给师父一片并不漂亮的树叶，对师父说："这片树叶虽然并不漂亮，也不完美，但它是我看到的最好的树叶。"

瘦弟子在外面转了半天，最终却空手而归，他对师父说："我见到了很多很多的树叶，但怎么也挑不出一片最完美的，所以没有一片是我最满意的。"

那么这道题的结果是怎样的呢？可想而知，胖弟子成了老和尚的传人，因为他懂得世上本无绝对完美之事的道理。

"捡一片最完美的树叶"，人们的初衷总是美好的，但是如果不切实际地一味找下去，最终往往会吃尽苦头，直到有一天，才会明白为寻找完美的树叶而失去许多机会是多么的得不偿失。况且，人生中完美的"树叶"又有多少呢？

居里夫人说："完美催人奋进，但苛求反而成为科学进步的大敌。"这句话形象地说明了完美与不完美的辩证关系。世界上许多遗憾之事，很多是因为人们热衷于追求虚无缥缈的"完美"造成的。

当然，世上追求完美者也并非都两手空空，有些追求完美的人斩获颇丰，他们因为完美做事，取得了令人羡慕的成绩。但这些人少之又少，而且他们取得的"完美"在他人眼中实际上也是相对而言的。

几个学生向苏格拉底请教人生的真谛，苏格拉底把他们带到果树林边。这时正是果实成熟的季节，树枝上沉甸甸地挂满了果子。

"你们各自沿着一行果树，从这头走到那头，每人摘一枚自己认为最大最好的果子。不许走回头路，不许做第二次选择。"苏格拉底吩咐道。

学生们出发了。在穿过果林的整个过程中，他们都十分认真地进行着选择。等他们到达果林的另一头时，老师已在那里等候着他们。

"你们是否都摘到自己满意的果子了？"苏格拉底问。

学生们你看看我，我看看你，都不肯回答。

"怎么啦？孩子们，你们对自己的选择满意吗？"苏格拉底再次问。

"老师，让我再选择一次吧！"一个学生请求说，"我走进果林时，就发现了一个很大很好的果子，但是，我还想找一个更大更好的。当我走到林子的尽头后，才发现第一次看见的那枚果子就是最好的，可是我自己错过了。"

苏格拉底笑着说："孩子们，你们的后悔是没有用的。生活中无数道选择题中，也许改变其中一个答案，就会把我们的人生引领到与现在完全不同的方向。不要事事追求完美，完美是相对于不完美而言的。"

是的，不管人多么努力，人生都会有缺憾存在，就像再澎湃的海浪也有退潮的时候，再寒冷的冬天也有迎来春天的那一天。

有一棵梨树，开始结梨子了。

第一年，它结了 10 个梨子，9 个被主人拿走，自己得了 1 个。对此，梨树愤愤不平，于是自断经脉，拒绝再成长。

第二年，它结了 5 个梨子，4 个被拿走了，自己得了 1 个。它突然很高兴："去年我得了 10%，今年得了 20%，翻了一番呢！"梨树心里居然平衡了。

这是一棵很"笨"的梨树，如果它聪明，它可以这样选择：继续成长。第二年它结了 100 个梨子，被拿走 90 个，自己得 10 个。当然，很可能拿走 99 个，自己得到了 1 个。但是没关系，它还可以继续成长，第三年结 1000 个果子……

其实，梨树得到多少果子并不是最重要的。重要的是梨树在成长，等它长成了参天大树，那些曾阻碍它成长的力量就会变得非常微弱，它结的梨子也会不计其数。

完美是人生所需要的，但得到完美的人生很难，不完美的人生倒是经常出现。尽可能把事做完美，不完美也不要抱怨、难过，尽力就好。

选择给予，学会分享

人生在世，如果每个人都能做到无私地给予，那么，我们生活的环境就会温馨很多，快乐很多。

不要总想着"别人能给我什么"，而应时时想着"我能给别人什么"。只有懂得给予、懂得分享、懂得感恩的人生，才是真正有意义、有价值的人生。

老方丈住在山上的寺院里好多年了。周围的人们都很敬佩他。有一年，老方丈出去带回来几株菊花，让弟子们把菊花种在院子里。菊花越长越多，三年后，院子里开满了菊花，香味一直传到了很远的地方。来寺院烧香的村民们在欣赏了满院子里的菊花后，都禁不住赞叹一番："好美的花儿啊！"

有一天，山下的村子里有个村民觉得这菊花太香太美了，就想要在自己家的院子里也种上几棵。于是他开口向老方丈要了几棵菊花来种，老方丈高高兴兴地答应了他，并亲自动手挑了几棵开得最艳、枝杆最粗的花，连根须一起挖出送给那个村民。

消息很快传开了，几乎所有的村民都来要花，老方丈满足了每个人的愿望。他帮助每个人挑选花株，还挖出来送给人家。没过几天，院子里的菊花就都被老方丈挖出来送人了。

弟子们忍不住对老方丈说："本来我们这里应该是满院花香的，现在都送给别人了，我们什么也没有了。您这么大方干什么呀！"

老方丈笑着告诉弟子们："这样不正好吗？你们想想，这些菊花长在我们院子里，香味只在我们的院子里。把花送给大家，三年以后，就会是满村的菊香了啊！"

弟子们听完老方丈的话，明白了老方丈的用意，脸上露出了笑容。

在生活中，很多人都喜欢索取，总希望别人为自己做点什么，甚至认为别人为自己所做的都是理所应当的。但对于给予者来说却恰恰相反，他们把为别人着想当成一种习惯，认为付出是一件很自然的事情。他们选择给予，因为他们相信给予就是拥有，他们因给予而快乐。

有两个人上了天堂，上帝对他们说："我现在就让你们转世，你们有两种人可以选择：一种是整天给予，一种是整天索取。你们选择做哪种人呢？"

一个人抢着说："我当然要做索取的人。"

上帝笑了笑。他转过头来问另一个人："你要做哪种人呢？"

另一个人答道："我犯的过错实在是太多了，如果能够重新做人，我想做一个给予的人。"

于是，上帝让那个索取的人当了乞丐，因为只有乞丐才会整天"索取"，而让另一个成为富有的人，因为只有自己拥有，才能给予他人帮助。

当一个人摆脱了世俗的物质观念，真诚地做一个给予者时，他就会获得人世间最大的回报，这就是快乐。

给予是一种助人的高尚行为。并不仅仅是给钱给物等物质行为才叫给予。当你遇到他人时，露出一个微笑，说出一句亲切的话，给予一声喝彩、鼓励、称赞时这种给予有时甚至比给钱给物更有意义。你会发现，给予别人的越多，你收获的也越多。

在向前行走的路上，经常给予的人会发现，搬开他人脚下的"绊脚石"，也是在给自己行路扫清障碍。

只有播种，才能收获

种子孕育着果实，劳动孕育着收获。任何事情，只有去做了，才知道结果是什么。森林的形成，是因为播撒了种子；庄稼的收获，是农民劳动的成果。先"舍"才能有"得"。

当我们面临只能在鱼和熊掌之中选择其一时，选择了鱼就不要再贪图熊掌，同样，选择了熊掌就意味着放弃了鱼。取舍是要脚踏实地的，不是嘴上说说就可以的，舍要真"舍"，人如果真的做到了"舍"，不在乎结果，心就会释然，不会纠结。

第二次世界大战结束后，以英美为首的战胜国商量着要在美国纽约成立一个协调处理世界事务的联合国。一切准备就绪后，大家才发现，想要建立的这个组织，竟然没有自己的立足之地！

买一块地皮吗？刚刚成立起来的联合国机构身无分文。向各国集款募捐？又似乎太没面子了，况且战争刚刚结束，各国财政都很困难。到底要怎么办呢？

得知这一消息后，美国著名的家族财团洛克菲勒家族经过商量，果断地出资 870 万美元，在纽约买下一块地皮，然后，将这块地皮无偿地

赠予了联合国组织。同时，毗邻的地皮也陆续买了下来。

对洛克菲勒家族这一出乎人们意料的举动，当时美国许多大财团都不只是吃惊而已。870万美元啊，这在当时可不是一笔小数目，但是洛克菲勒家族却毫无条件地将它拱手白白送给了联合国！一时议论纷起，说什么的都有。洛克菲勒家族默默忍受着来自各方的压力，始终不为所动，也从不后悔。

后来，出乎意料的事情发生了。联合国大楼刚一竣工，毗邻地价便立刻飙升了起来，相当于之前的10倍！看着巨额财富源源不断地流入洛克菲勒家族的腰包里，当年议论过他们的人都目瞪口呆。

如果洛克菲勒家族没有做出"舍"的举动，勇于牺牲和放弃眼前的利益，就不可能有最后"得"的结果。洛克菲勒家族从本质上说是"商人"，他们更是经商的天才，他们不仅捐地皮为自己赢得口碑，同时买下商机，买下更多财富。现今，有些人做事只看眼前，对于他们来说最好能看到"得大于舍"再去做，而洛克菲勒家族却眼光长远，先"舍"后"得"，并不在乎人们的议论、指责，他们始终认为"舍"和"得"是辩证统一的。

现实中太多太多的人执着于"得"，常常忘记了"舍"。有这么一句流传很久的话："当你握紧双手，里面什么也没有；而当你张开双手，世界就在你手中。"人的一生，只顾自己拥有，不愿付出，是自私的一生，是不会有朋友的一生，因为太顾自己，忽略了他人，长此以往，自己拥有的也会越来越少。所以，一定要记住：有"舍"才有得。只有播种，才能收获。

忘记不幸，是选择快乐的最佳答案

有一种选择快乐的最佳答案，那就是"忘记"。有时，忘记过去所有的一切不幸，快乐就会如约而至。

快乐是什么？快乐是一种心理感受，是积极向上的乐观的感觉。快乐需要忘记过去：不为生活的拮据而唉声叹气，不为亲人的离去而痛哭流涕，不为爱人的背叛而伤心不已，不为旁人的指东道西而长吁短叹。忘记生活中种种不幸的往事，拥有一颗快乐的心，人才能得到快乐。

阿里和吉伯、马沙两位朋友一起去旅行。3人行经一处山谷时，马沙失足滑落，幸亏吉伯拼命拉住他，才将他救起。马沙于是在附近的大石头上刻下了："某年某月某日，吉伯救了马沙一命。"

3人继续走了几天，到了一条河边，吉伯跟马沙为了一件小事吵了起来，吉伯一气之下打了马沙两个耳光。马沙跑到沙滩上写下："某年某月某日，吉伯打了马沙一耳光。"

当他们旅行回来后，阿里好奇地问马沙为什么要把吉伯救他的事刻在石头上，而将吉伯打他的事写在沙滩上。

马沙回答："我永远都感激吉伯救我，所以要刻在石头上。至于他打

我的事，我不想记仇，希望我忘了，所以写在沙滩上，任水冲走。"

马沙是个聪明人，他知道一个人该牢记别人的恩情，忘记仇恨。

为人处世，应牢记他人的恩情。我国著名诗篇《诗经》中有："投我以木桃，报之以琼瑶。"《游子吟》中有："谁言寸草心，报得三春晖。"生活中更有一些约定俗成的话语，像"滴水之恩，当涌泉相报""结环衔草，以报大恩"等等。报恩就是感恩，就是对他人的帮助怀有感激之情。感恩是做人的一种美德。

相反，一个人对于他人给自己的伤害，应该想方设法地尽快忘记。因为，人如果没有宽阔的胸襟，是成不了大器的，他就会整天陷于斤斤计较之中。忘记不幸，于人于己都是非常有利的。世界上很多悲剧的产生，都是因为人与人之间出现矛盾、纷争而不愿忘记造成的。忘记是让人拥有大海一样的胸怀，懂得忘记的人，具有非凡的气度和成熟的思想。

一天，陆军部长斯坦顿气呼呼地对林肯总统说，一位少将用侮辱的话指责他偏袒一些人。林肯听后，立即建议斯坦顿写一封内容尖刻的信回敬那家伙。

于是，斯坦顿立刻写了一封措辞强烈的信，然后拿给林肯看。"好！写得好！"林肯看后，高声叫好，"就是要好好教训那家伙一顿。"

但是，当斯坦顿准备将信寄出去的时候，林肯却大声说："不要胡闹！这封信不能寄，快把它扔到炉子里去。忘了吧。凡是生气时写的信，我都是这么处理的。因为写信的时候就已经很解气了。如果你还不解气，那就再写一封吧。"

人与人相处时，难免有磕磕碰碰的时候，"转不过弯"的时候，若长期怒火中烧，"灼伤"的只会是自己。据医学专家研究发现，人在生气时，往往会精神紧张，情绪波动，心跳加快，呼吸急促，血压上升。

古代三国时期风度翩翩的周瑜，在战场上智勇双全，但最终中了诸葛亮的"三气"之计，英年早逝。从另一个层面上说，害死周瑜的其实不是诸葛亮，而是他自己狭窄的心胸。为此，鲁肃曾遗憾地说："周瑜肚量狭窄，是自寻死路！"

古人有曰："壁立千仞，无欲则刚。"忘记过去的一些东西，会舍去许多烦恼。学会忘记，心境才会从容坦然；学会忘记，生活才会轻松自在。

一个人在生活中学会"忘记"，就能获得轻松的心情。种什么因，结什么果。当你种下快乐时，善良、宽容、幸福就会接踵而至；当你种下生气时，愤怒、不平、烦恼也会接踵而至。所以，要学会忘记过去的那些伤害与不幸，轻松、快乐地迎接新的人生。

看淡身边的"得"与"失"

现今，有些人总是患得患失，总是担心自己要"失去"拥有的东西，"眼红"他人正常得到的东西。在他们的心中，见不了别人的"得"，也见不了自己的"失"，故而，总是思量来思量去，在自己的"得与失"小天地中反复权衡。还有一些人，他们不以物喜，不以己悲，心胸坦荡，视"得与失"为正常现象，"得"不张扬，"失"不难过，于是烦恼全无。

人生在世，烦恼的根源，多是为了夺得一点蝇头小利而争斗不休，为细小的得失而唠唠叨叨，不能辩证地看待"得"与"失"，总是殚精竭虑地自我盘算，目光短浅，心胸狭隘，自私自利，疑神疑鬼。

有位70岁的老先生，携一幅"祖传名画"参加电视台组织的鉴宝活动。他对主持人说，父亲告诉他，这幅画是董其昌的作品，可能值数百万元，所以他一直好好地收藏着，还老是提心吊胆，怕被人偷走。由于自己不懂艺术，这次有这么好的机会，所以他拿来请专家作个鉴定。

鉴定结果很快就出来了，几位专家一致肯定，这幅画是赝品。现场观众都同情地看着老先生，怕他受不了。但老先生看上去非常平静，表情几乎没有什么变化。主持人问老先生："这个鉴定结果，一定让您很失落吧？"

老先生淡淡地笑了，说："这样也好啊，至少以后不用再担心有人来偷这幅画，我也可以放心地把它挂在客厅里了。"

人生中没有绝对的"得"与"失"——有时候，失去比拥有更轻松，因为，当你失去一样东西时，你"占有"的心理实际上已经没有了。世上本不存在任何可以让一个人永远拥有的"东西"，"东西"在每个人手中都是暂时拥有，人一旦离开这个社会，东西也就易主了。

许多人总是患得患失，时时盘算的是一己之私利。其实，"广厦千万间，人只能居一屋，家财千万贯，日食不过斗粮"。对"得失"的计较实际上是欲望的不满足。长此以往，人的争夺之心必然越发大，烦恼必然增多，也必然会失去周围人的信任，使自己在社会交往中处于十分孤立和被动的位置，难以获得真诚的友谊和情意。

老子曾说："祸莫大于不知足，咎莫大于欲得。"就是说祸患没有大于不知满足的，罪过没有大于贪得无厌的。人的一生，如潮涨潮落，得到的珍惜，失去的不可惜，将"得失"看淡，人世间就没有什么耿耿于怀的事了。

知足常乐

弘一法师有幅著名的对联："事能知足心常惬，人到无求品自高。"

知足是人在领悟生活本质之后心态的明智选择。俗话说："溪壑易填，人心难满。"丰富的物质生活给人们带来了诸多便利，也带来了诸多欲望。许多人在欲望面前失去了分辨的能力，"不知足"成了耿耿于怀的心病。

曾经有一个老和尚整日"暮鼓晨钟、诵经传道"。他年逾80。有一次，一个失意的年轻人来到寺庙烧香。年轻人表情肃然，烧完香，请求老和尚为他算一卦。

老和尚问年轻人："你为什么要算卦？"

年轻人说："我想知道未来会怎样。"

老和尚微微笑着，端详着年轻人的脸，犹如感受到他年轻而有力的心跳。他对年轻人说："你心绪有点乱，需要宁静！"

年轻人疑惑地看着老和尚。老和尚继续解释说："你不要过于在乎结果。你很年轻，年轻是你的资本，好好把握吧！"

年轻人像是没听懂话的孩子，不仅没走，反而更加委屈地诉说了起来。老和尚只是静静听着，年轻人临走时，老和尚送给年轻人三句话："得到你该得到的，忍着你该忍着的，拥有你该拥有的。"

年轻人回到家，闷头"修行"。好多年后，他成了一个事业小有成就的人。当他再次去寺庙拜访老和尚时，老和尚早已不已在了。

生活中不知足的人比比皆是。很多人有了吃喝，想要更奢华的大餐；有了金钱，想得到更多的"金山"；有了房子，想去住带花园的别墅；等等。

不知足是人的惯常心理，倘若是对事业不知足，有时可以激发人的潜能，使人奋勇向上。然而，一旦对生活不知足，就容易导致"贪欲"的滋生。而永远生活在"追求"不知足的生活之中的人，不仅累身而且累心，更无快乐可言。

据说，有一种虫子，只要在路上看见东西，就把它背在背上，直到被重物压得不能动弹。如果能继续爬行，仍然一如过去背上东西，最终被重物压死。这种虫子还喜欢往高处爬，中间不停，直至摔倒在地。

世事在更迭与变化之中，人永远没有知足的时候。因此，丢掉"不知足"的思想，常怀知足心态，人不仅不会被物质蒙蔽双眼，同时还会对"现在拥有"更加珍惜，对生命心存感激。有人说：追逐汽车、洋房、金钱的人，把他放在沙漠中，他就会明白一杯水、一块面包的重要。

知足不是无所希冀、无所追求。谁不爱吃山珍海味？谁不喜欢汽车洋房？但现实终归是现实，眼红、伤感均无济于事。要拥有有望得到时努力去做，无望得到时也不介意的平和心态，这才是真正地领悟了人生。

　　一杯混浊的水放一放，自会清浊分明；人经常静一静，才会在浮躁与沉静中找到出路。

　　古代禅学有一句著名的话："水清月自池中观。"而整天为"不知满足"费尽心机的人，什么时候才能观到"映月"呢？

莫将名利挂心头

世界上，金钱与名誉，就像两个太阳，交相鼓舞着人们去争夺。其实金钱与名誉，不过是浮云，转眼即逝。

从前，有一个人在梦中见到了上帝。

这人问："我很想和你交谈，但不知道你是否有时间？"

上帝笑道："我的时间是永恒的。你有什么问题吗？"

这人问："你觉得人类最烦恼的是什么？"

上帝答道："他们为名利而活，又为名利而烦。他们牺牲自己的健康来换取金钱，然后又牺牲金钱来恢复健康。他们总想未来，不想现在。"

这人又问道："那你有什么话想要告诉现在的人？"

上帝笑着回答道："名利乃身外之物，要想活得轻松，就别将名利挂在心头。还有，不要太在乎自己得到多少，重要的是你已得到，这就可以了。"

大多数人都知道名利是身外之物，但是却很少有人能够躲过名利的"明枪暗箭"，他们嘴上喊着淡泊名利，内心却在不由自主地追逐着名利，是名副其实的为名利而活。

世界上著名的大科学家爱因斯坦和居里夫人，对大多数人所汲汲追求的名声、富贵或奢华都看得非常淡。

在一次旅行中，某艘船的船长为了优待爱因斯坦，特意让出全船最豪华的房间给他，爱因斯坦却严词拒绝了。他表示自己与他人并无差异，不愿意接受这种特别优待。

居里夫妇在发现镭之后，世界各地纷纷来信希望了解提炼镭的方法。居里先生平静地说："我们必须在两种决定中选择一种。一种是毫无保留地说明我们的研究成果，包括提炼方法在内。"居里夫人做了一个赞成的手势，说："是，当然如此。"居里先生继续说："第二个选择是我们以镭的所有者和发明者自居，但是我们必须先取得提炼铀沥青矿技术的专利执照，并且确定我们在世界各地造镭业上应有的权利。"取得专利代表着他们能因此获得巨额的金钱、舒适的生活，还可以留给子女一大笔遗产。但是居里夫人听后却坚定地说："我们不能这么做。如果这样做，就违背了我们原来从事科学研究的初衷。"于是，居里夫妇放弃了这唾手可得的巨额名利。

居里夫人一生获得各种奖章 16 枚，各种荣誉头衔 117 个，但她对这些荣誉丝毫不以为意。有一天，居里夫人的一位朋友来她家做客，忽然看见她的小女儿正在玩英国皇家学会刚刚奖给她的一枚金质奖章，不禁大吃一惊，连忙问她："夫人，这枚奖章是你极高的荣誉，你怎么能给孩子拿去玩呢？"居里夫人笑了笑说："我是想让孩子从小就知道，荣誉就像玩具一样，只能玩玩而已，决不能永远守着它，否则就将一事无成。"

在巨大的荣誉面前，成大事者都保持了宁静与淡泊的心态。他们心无名利，但名利自来。

格劳伯是哈佛大学终身教授、美国科学院资深院士，曾创造性地提出了"光学相干的量子理论"。

2005年10月4日凌晨，当有关方面来电祝贺格劳伯荣获了这一年的诺贝尔物理学奖时，他还睡眼惺忪。他漫不经心地听完电话后，自言自语道："今天又不是愚人节。"

不一会儿，一位老朋友也在电话里传递了同样的喜讯，格劳伯却说："一定是你知道今天要颁奖，所以故意捉弄我！"

很快，第三次有人来报喜。这一回，格劳伯生气了，"玩笑开大了吧？"

后来，有记者问格劳伯准备怎样花那笔巨额奖金，他竟一脸惊讶："怎么还有奖金？"

名利是一种社会存在，人们生活在社会中，离不开它们，但是，追逐名利要合理，要有度，"非分"的名利一定要坚决舍弃，绝不可为了名利丧失了做人的原则和尊严。

很多事实表明，促使人们追求进取的是名利，阻碍人们前进的也是名利，甚至使人坠入万丈深渊的还是名利。所以，人生在世，千万不要把名利看得太重，名利即使唾手可得，也要谨防为之付出过大的代价。

宠辱不惊，去留无意

"宠辱不惊，看庭前花开花落；去留无意，望天上云卷云舒。"

这22个字，表面看表现出一种悠远美妙的意境，说出的却是起伏人生的深刻哲理。这22个字，也讲明了"荣"与"辱"的关系，以及树立正确荣辱观的重要性。一个人树立了正确的荣辱观，就会从容自若，不会轻易受外物左右；而不正确的荣辱观，会导致人在得失成败中产生巨大的心理落差。

人的一生，有如簇簇繁花，既有火红耀眼之时，也有黯淡萧条之日，既有得意张狂之时，也有失意落寞之日。因此，人要尽量把功名利禄看得轻些，看得淡些，要把厄运、羞辱看得开些，要把困境、痛苦看得远些。

日本有一位白隐禅师，有一对夫妇在其寺庙住处的附近开了一家食品店，家里有一个漂亮的女儿。

一日，夫妇俩发现女儿的肚子大了起来。女儿做了这种事，让她的父母异常愤怒。在父母的一再逼问下，她终于吞吞吐吐地说出"白隐"两个字。

　　夫妇俩怒不可遏地去找白隐禅师理论，但白隐禅师对此不置可否，只若无其事地答道："就是这样吗？"

　　孩子生下来就被送给白隐禅师。此时，白隐禅师虽已名誉扫地，但他却不以为然，只是非常细心地照顾孩子——他向邻居乞求婴儿所需的奶水和其他用品，虽不免横遭白眼、冷嘲热讽，但他总是泰然处之，仿佛是受托抚育别人的孩子一样。

　　事隔一年之后，这位未婚的妈妈终于不忍心再欺瞒下去了。她老老实实地向父母吐露真相：孩子的生父是一个卖鱼的青年。

　　夫妇俩立即让女儿到白隐禅师那里道歉，请求原谅，并将孩子带回。白隐禅师仍然是淡然如水，他只是在交回孩子的时候，轻声说道："就是这样吗？"仿佛不曾有什么事发生过；即使有，也只像微风吹过耳畔，转瞬即逝。

　　白隐禅师为了给邻居的女儿以生存的机会和空间，代人受过，牺牲了为自己洗刷清白的机会，虽然受到人们的冷嘲热讽，但他始终处之泰然。"就是这样吗？"这平平淡淡的一句话，就是对"宠辱不惊、去留无意"最好的解释。如果白隐禅师不能以忍来对待受辱，事情的结果就可能是另一种样子了。

　　人要想活得愉快，就要做到宠辱不惊、去留无意、心胸宽广。俗话说：宰相肚里能撑船。宽容他人，尤其是宽容伤害过自己的人，境界是非常高的。

　　19世纪中叶，菲尔德率领工程人员，进行用海底电缆把欧美两个大

陆连接起来的工作。为此，他成为美国当时最受尊敬的人，被誉为"两个世界的统一者"。

然而，在举行盛大的海底电缆接通典礼上，刚被接通的电缆传送信号突然中断，人们的欢呼声立刻变为愤怒的责骂声。但菲尔德对于这些毁誉只是淡淡地一笑，不作解释，只管埋头苦干。

又经过多年的努力，菲尔德终于将海底电缆架在了欧美大陆。在庆典会上，他没有登上贵宾台，只是远远地站在人群中观看。

菲尔德不仅是"两个世界的统一者"，而且是一个"宠辱不惊、去留无意"的智者。当他遭遇到常人难以忍受的厄运、困境时，他以冷静心态处事，显示出刚强的意志力和自持力。

人在受宠时要清醒，在受辱时要冷静。人生是个过程，无论宠、辱，都是人生的经历，都有尽头，生命不该为宠、辱付出高昂的代价。正如诗中所云："滚滚长江东逝水，浪花淘尽英雄。是非成败转头空，青山依旧在，几度夕阳红；白发渔夫江渚上，惯看秋月春风。一壶浊酒喜相逢，古今多少事，都付笑谈中"。

困厄中选择坚强

清代"红顶商人"胡雪岩最后破产时，家人为财去楼空哀叹不已，他却说："我胡雪岩本无财可破，当初我不过是一个月俸四两银子的伙计，眼下光景没什么不好。以前种种，譬如昨日死；以后种种，譬如今日生吧。"

生活中，遭遇困厄的人，最怕的是失去走出困厄的信心。如果在此时，仍牢记当初的抱负，以不服输的精神重整旗鼓，就一定可以走出困厄之境。

小丁是一个老师，一天，他花 2 块钱买了张彩票。没想到真的中了大奖！他中了 500 万元。

小丁买了一幢别墅并对它进行了一番装饰。他买了很多贵重的东西：高级地毯、名牌柜橱、精致小桌、名贵瓷器，还有价值不菲的吊灯。

坐在装好的别墅内，小丁点燃一支香烟，静静地享受着属于他的"幸福"。突然他感到很孤单，便想去看看朋友。于是，他把烟蒂往地上一扔，就出去了。

燃着的香烟静静地躺在地上，躺在华丽的地毯上……一个小时后，

别墅变成火的海洋，一切都被完全烧毁了。

朋友们很快知道了这个消息，都来安慰小丁。"小丁，你真是不幸啊！"他们说。

"怎么不幸啊？"小丁问道。

"损失啊！好不容易挣了钱，现在你什么都没有了。"朋友们说。

"什么呀？不过是损失了 2 元钱。"小丁答道。

俗话说："顺境不常有，逆境不常无。"困厄是暂时的，困厄会使强者更强，勇者更勇。贝多芬曾陷入几乎绝望的境地，但他不忘自己的理想，孜孜以求，对困厄大喊：我要扼住命运的咽喉。最终他创作出了举世闻名的《命运交响曲》。

得和失是相辅相成的，任何事物都会有正反两个方面，也就是说凡事都在正和反之间同时存在，在你认为是"正"的同时，其实"反"也可能潜伏其间，而在"反"的同时，"正"也可能会慢慢来到。总之，如果你对摆脱困厄失去信心，成功就会离你远去；如果你永远怀有信心，不忘初志，那成功也不会遥远。就像宋朝诗人陆游曾写下的一句诗：山重水复疑无路，柳暗花明又一村。

美国科学家弗罗斯特虽然是个盲人，却推算出太空星群及银河系的变化；达尔文疾病缠身，却四处考察，最终写出《进化论》；爱迪生从小失去听力，却发明了留声机。

霍金 21 岁的时候，被诊断出患有罕见的不可治愈的运动神经疾病ALS，医生说他只能活二年，并且随着病情恶化，他将失去所有的活动能力。但霍金并没有因此被打倒。他提出了黑洞理论，将现代物理学提高到一个更高的层次，因此被选入皇家学会。1979 年，霍金被任命为卢卡斯数学教授——这是个曾被牛顿获得的荣誉职位。霍金写作的《时间简史》发行全世界。

没有谁会永远一帆风顺，困厄有时就像夏天的雨、冬天的雪，会不时"光顾"，但雨雪过后仍会是明媚的艳阳天。

逆水行舟，阻力固然很大，但如果具有"置之死地而后生"的精神，逆水行舟很快会为顺势行进所代替。

很多时候，不幸降临、幸福到来都是无法预知的。而每个人的人生之路都得自己走。著名教育家陶行知有首《自立歌》："滴自己的汗，吃自己的饭，自己的事自己干，靠人、靠天、靠祖上，不算是好汉。"人要不畏困厄，坚强地在人生之路上走下去。

第七章

放弃是为了更好的选择

　　在漫长的人生路上，有选择，有放弃，但选择什么，放弃什么，是门学问。正确的选择，会使人少走弯路，少触"雷区"；正确的放弃，不仅仅是放弃，更是真正把握住了再一次选择的机遇。

以平常心对待财富

有一个有钱人，每天早上经过仆人小夫妻住的屋子时，都能听到屋里传出愉快的笑声。一天，他忍不住走进房间，看到小夫妻正在你说我笑。

有钱人说："你们这样辛苦，还能说笑，我愿意帮助你们，让你们过上真正快乐的生活。"说完，他放下一大笔钱，走了。这天夜里，有钱人躺在床上想："也不知道他们拿了钱会怎么样。"

第二天一早，有钱人又经过仆人小夫妻的屋子，却没有听到小夫妻俩的笑声。他想，他们可能激动得一夜没睡好，但第二天、第三天，还是没有笑声。有钱人感到非常奇怪。就在这时，男仆人来了，拿着一些钱，他一见有钱人便急忙说道："先生，我正要去找你，还你的钱。"有钱人问："为什么？男仆人说："没有这些钱时，我们每天给你干活，虽然辛苦，但心里非常踏实。自从拿了这一大笔钱，我和妻子反而不知如何是好了——我们还要不要做仆人？不做仆人，你能放我们走吗？如果还做仆人，我们自己能养活自己，要这么多钱做什么呢？钱放在屋里，怕它丢了；做大买卖，这是你的钱，我们还是仆人，是不劳而获得来的。

最后我们想，还是还给你吧!"

有钱人听后很不理解，但还是收回了钱。第二天，当他再次经过仆人的屋子时，听到里边又传出了小夫妻俩的笑声。

让自己拥有更多的财富，是许多人的奋斗目标。财富的多少，也成为衡量一个人是否有才干和有价值的尺度。当一个人被列入世界富翁排行榜时，会引起许多人的艳羡。但对于个人来说，拥有过多的财富实际上是没有多少用的，除非他是为了社会在创造财富，并把多余的财富贡献给了社会。但丁说："拥有便是损失。"财富的拥有超过了个人所需的限度，拥有得越多，损失得就越多。

同许多人一样，米勒德·富勒一直在为一个梦想奋斗，那就是从零开始，积累大量的财富和资产。到30岁时，富勒已挣到了百万美元，他雄心勃勃，想成为千万富翁，而且他有这个本事。他开公司，拥有两栋豪宅、一间湖上小木屋、2000英亩地产，以及快艇和豪华汽车。

但问题也来了：富勒常感到胸痛，而且他的妻子和两个孩子也疏远了他。他的财富在不断增加，他的健康、婚姻和家庭却岌岌可危。

一天，在办公室，富勒心脏病突发，而他的妻子在这之前刚刚宣布打算离开他。他开始意识到自己对财富的追求已经使他快要失去已经拥有的那些宝贵的人和物了。他打电话给妻子，要求见一面。当他们见面时，两人都热泪滚滚。他们决定抛弃那些破坏他们生活的东西——他的生意和物质财富。

富勒和妻子卖掉了所有的东西，包括公司、房子、快艇，然后把所得捐给了教堂、学校和慈善机构。富勒的朋友都认为他疯了，但富勒感到从没比此时更清醒过。

接下来，富勒和妻子开始投身于一项伟大的事业——为美国和世界其他地方的无家可归的贫民修建"人类家园"。他们的想法非常单纯："每个在晚上睡觉的人，至少应该有一个简单体面并且能支付得起的地方用来休息。"美国前总统卡特夫妇闻讯后也热情地支持他们，并穿上工装裤来为"人类家园"劳动。

富勒曾经的目标是拥有 1000 万美元家产，而现在，他的目标是为 1000 万人，甚至更多的人建设家园。目前，"人类家园"已在全世界建造了 6 万多套房子，为超过 30 万人提供了住房。

人的生活是有主次的，那些永远把挣钱放在第一位的人，尽管他们中多数人会取得或大或小的成绩，少数人会积累巨大的财富，但除了挣钱，生活也是第一位的，生活包括精神生活、物质生活，只会挣钱而忽略生活的人，其人生是不完整的；而只追逐享乐奢华的人，其人生也是不完整的。

当然，我们并不是一概排斥财富，我们厌恶和蔑视的是对财富的过分"贪求"，以及用不正当手段聚敛财富。人应该努力创造财富，以积极的心态追求财富，以平常的心态对待财富，清醒地使用财富，愉快地施与财富，最后心满意足地离开财富。财富的产生，是人创造的；是人一滴血一滴汗凝聚出来的。财富要"物尽其用"，但不能浪费；要"物归所有"，但不能贪心；要"物质丰富"，但不能奢华。

理智放弃，把握再一次的机遇

在人生的漫漫长路上，人会面临很多选择，选择什么，放弃什么，这是一门学问。

正确的选择，会使人少走弯路，少触"雷区"；正确的放弃，不仅仅是放弃，更是真正把握住了再次选择的机遇。

人生好比一个房间，想要搬进新的家具、电器，就得先扔掉一些旧东西。正确的放弃不是失去，往往是一个全新的转折点，是一个脱胎换骨的再生过程，是一个再次选择的机遇。

老鹰是世界上寿命最长的鸟类，可以活70多岁。但是，当老鹰活到40岁时，它的爪子开始老化，无法有力地抓住猎物；它的喙变得又长又弯，几乎张不开嘴；它的翅膀变得十分沉重，飞翔起来十分吃力。

这时候，老鹰会经历一个十分痛苦的过程。它会在悬崖上筑巢，停留在那里，不去飞翔。它用喙击打岩石，直到喙完全脱落。然后静静地等候新的喙长出来，再用新长出的喙把爪子的指甲一根一根地拔出来，当新的指甲长出来后，再把羽毛一根一根地拔掉。5个月以后，老鹰得以重生，重新搏击长空，潇潇洒洒地度过后面30多年的岁月！

人的生命也是一样的，有时候我们必须做出放弃甚至牺牲才能重生，才能开始一个崭新的历程。

正确的放弃不是逃避、不是懦弱，而是理智的选择。

人身上最软弱的地方，是心中的"舍不得"。比如，有些人"舍不得"一段不再真挚的感情，"舍不得"一份面子上的虚荣，"舍不得"权势官位，他们永远以为最好的日子会很长很长，其实最好的日子终会毫不留情地逝去。

放弃与获得是紧紧联系在一起的，当不得不放弃时，正确地放弃，是为了能够得到更好的收获。

人的一生中，有无数关口需要放弃。人如果总抱着"舍不得"的心理，只会让自己痛苦。因为优柔寡断、犹豫不决是人性"大敌"，不仅会贻误时机，而且会让人迷失方向。所以，一定要学会果断坚决，理智效率。

不要永远在做计划

一个人如果永远在做计划而不付诸行动，从根本上就失去了做计划的重要意义。计划就是目标，人有了目标，就有了行动的方向，就有了行动的动力，就有了战胜困难的决心，就有了努力拼搏不达目的誓不罢休的信念。

有个人一直认为自己年轻能干，认为只要做事，凡事都有可能做成。

一天清晨，上帝来到他身边，问他："你有什么心愿吗？说出来，我可以帮你实现，但要记住，只能说一个。"

"可是，我有许多的心愿啊！"他不甘心地说。

上帝摇摇头，说："世间的美好实在太多，但生命有限，没有人可以拥有全部，有选择，就有放弃。来吧，慎重地选择一个你以为最重要的，我帮你实现。"

这个人想了想，问："我会后悔吗？"

上帝说："谁知道呢。选择爱情就要受到家庭的约束，选择智慧就意味着有可能忍受寂寞，选择财富就有钱财带来的麻烦。世上有太多的人在走了一条路之后，懊悔自己其实该走另一条路。你仔细想想吧，你这一生真正要什么?"

这个人左思右想,发现所有的渴望都纷至沓来,他的脑子里乱哄哄的,整理不出头绪,好像每件都很重要。哪一件是他不能舍弃的呢?最后,他对上帝说:"让我想想,让我再想想。"

上帝说:"但是要快一点啊。"

从此,这个人的生活就处在不断的比较和平衡之中。他用生命中一半的时间列表,再用另一半的时间来撕毁列出来的表,因为他发现他总是有所遗漏。

一天又一天,一年又一年。这个人不再年轻了,老了。终于有一天,上帝又来到他面前:"你还没有决定你的心愿吗?你的生命只剩下 5 分钟了。"

"什么?"这人他惊讶地叫道,"这么多年来,我没有享受过爱情的快乐、家庭的温暖,没有积累过财富,没有得到过智慧,我想要的一切都没有得到。上帝啊,你怎么能在这个时候拿走我的生命呢?"

但 5 分钟后,无论他怎么求情,上帝还是满脸无奈地带走了他。

生活中,人们常常会受着内心与外在双重的考验。人的内心充满着各种各样的矛盾,像善与恶、美与丑、得与舍等;而外在充溢着各种诱惑,诱导着人思想高速旋转,无时无刻不在权衡。常言说:一失足成千古恨,再回头已是百年身。很多事情往往在一念之间决定了人今后的道路。

想到就赶快去做吧!生命的脚步不停地走,我们决不能耽误一分一秒宝贵的时间。有人说:"我的计划太简单,所以不能立刻实施,我要

将计划做完美，万无一失。"还有人说："我还没准备好，虽然计划很完美，但实施需要做大量准备。"

天下的事没有难易之分。不行动，再容易的事也只是空中楼阁；而行动，再难的事也会变得容易。

1842 年，哥伦布终于率领三艘船开启了寻找新大陆的航行。他们在大西洋航行了六七十天，始终看不见大陆的踪影。水手们都失望了，要求返航，但哥伦布凭着理想信念，竭力说服水手。最终他们按照飞鸟方向航行，发现了美丽的新大陆。

成功都是实干出来的。一千个好想法不及一次具体行动。在行动中学习，在行动中成长，在行动中增添勇气，在行动中体味艰辛，在行动中克服困难，最终在行动中超越自我、挑战自我。人只有自己才能打倒自己。赶快行动吧，一切皆有可能！

懂得解压，不让自己"活得累"

人之所以会觉得"活得累"，实际上是"心累"，是因为"心"常常徘徊在坚持与放弃之间，举棋不定。生活中总会有一些值得回忆的东西，但人不能将它们总记在心中，要常常清理，有一些记忆必须要放弃。

坚持与放弃，是每个人面对人生问题的一种态度。勇于放弃是一种大气，敢于坚持更是一种勇气。人如果能够懂得取舍，能够做到坚持该坚持的，放弃该放弃的，就不会觉得"活得累"了。

刘洋原来在机关做财务工作，一个月就挣两千块钱，当时他最大的梦想就是"挣大钱"。后来，他辞职到了一家大银行工作，一直做到了部门经理，月收入达两万元，可是他却一点也不觉得幸福，相反他感到很大的压力：爱人嫌他回家晚，经常加班不顾家，和他吵架；朋友因和他收入太悬殊不愿再和他来往；他一天到晚加班，不到两年，他感觉活得特别累！

生活中，有的人把挣钱当成了生活的主要目标，而不是获得幸福的途径，于是他们自己变成了"挣钱机器"。他们每做一件事，每说一句话，都围绕着"金钱"。人如果不调整自己的生活目标，从工作中获得自

我实现感，而只是醉心于对金钱的追逐，动力就会变成压力了。

"活得累"，是因为想得太多，欲望太多。人身体累不可怕，可怕的是"心累"。

"心累"会影响心情，甚至会扭曲心灵，危及身心健康。社会中，每个人都有被他人所牵累、被自己所负累的时候，只不过有些人会及时地调整，而有些人却深陷其中想不出方法解决。所以在充满竞争压力的今天，有些人会觉得生活中有太多的难题和烦恼，"活得累"也成为现实中常见的现象。

不让自己"活得累"，不让自己"心累"，人应该学会看淡名利，不强求完美，适时放松自己，寻找宣泄口，给疲惫的心灵解解压。

那么，如何缓解和消除压力呢？以下方式可供借鉴：

（1）聆听轻快、舒畅的音乐。音乐不仅能给人美的熏陶和享受，而且能使人的精神得到放松。因此，人在紧张的工作和学习之余，不妨多听听音乐，让优美的乐曲来缓解精神的疲惫。

（2）开怀大笑。笑是消除压力的最佳方法之一，也是一种愉快的发泄方式，因此，人不妨经常笑口常开。

（3）出门旅游。旅游不失为一种解压的好方法，但应多选择远离城市喧嚣的原野和乡村，因为人与自然的关系远比人与城市的关系亲近得多。

（4）有意识地放慢生活节奏。可以把"无所事事"的时间也安排在日程表中，要明白悠然和闲散并不等于无聊。

（5）沉着、冷静地处理各种纷繁复杂的事情。即使做错了事，也不要耿耿于怀地责备自己，要想到人都会有犯错误的时候，这有利于自己的心理平衡，同时也有助于舒缓精神压力。

(6)勇敢地面对现实，不要害怕承认自己的能力有限。在某些确不能办到的事务中，诚实地说一声"我不行"，比硬撑着要轻松得多。

(7)推心置腹地交流或倾诉。多找朋友聊聊天，这样不但可以增强人们的友谊和信任，而且能使人精神舒畅，愁烦尽消。

(8)豁达、开朗和乐观一些，这样不仅可以有效地缓解和消除压力，同时也对健康大有裨益。

享有生活情趣的人，街上的一草一木都会觉得有意思；反之，紧抱金钱不放的"守财奴"，即使让他处在名山大川之间，他也欣赏不了美丽的景致，难抒其压抑的胸怀。

人活一辈子，要把"快乐"放在第一位。快乐是人生活的最坚强后盾，无论遭遇千难万险，它都能支撑着人渡过难关。反之，失去快乐，人就会消极怠惰，遇到难关，更会一败涂地。

放下

人生何惧"归零"

生活中很多时候需要我们做出放弃。什么是最难舍弃的？是一种道义，还是一段感情？是金钱、财富，还是浮名、权势？

两个朋友一同去动物园参观。动物园非常大，他们的时间有限，不可能参观到所有动物。于是他们约定：不走回头路，每到一个岔路口，就任意选择其中一个方向前进。

当他们走到第一个岔路口时，路标上显示，一侧通往狮子园，一侧通往老虎山。他们琢磨了一下，选择了狮子园，因为狮子是"草原之王"。

又到一个岔路口，分别通向熊猫馆和孔雀馆。他们选择了熊猫馆，熊猫是"国宝"嘛。

他们一边走，一边选择。每选择一次，就意味着放弃一次、遗憾一次。但没办法，因为时间不等人，如果不这样做，他们的遗憾将会更多。他们只有迅速做出选择，才能减少遗憾，得到更多的时间，找到参观的乐趣。

选择是一个艰难的过程，选择了其中一个就意味着放弃了另一个。

但只有懂得选择，舍得放弃，我们才能够减少更多的遗憾。

假如，我们失去某种心爱之物，会在我们的心里留下阴影，有时我们甚至会因此而备受折磨。究其原因，就是我们没有调整心态去面对"失去"，没有从心理上承认"失去"，只沉湎于已不存在的"过去"，而没有想到去创造新的"未来"。但是，人与其留恋过去，不如去争取未来。有时，放弃是为了轻便地前行；有时，放弃是为了更轻快地歌唱。

现今社会是一个科技发达、物质丰富、充满竞争的社会。很多时候，人们会被世上的名利、物质所迷惑，只想将其统统归于己有，而不想舍弃，于是心中充满了矛盾、忧愁、不安，心灵上承受着巨大的压力，以至于整日低头只看眼前利益。

拉斐尔 11 岁那年，一有机会便去湖心岛钓鱼。在鲈鱼钓猎开禁前一天傍晚，他和妈妈又早早来钓鱼。拉斐尔安好诱饵后，将渔线一次次甩向湖心，湖水在落日的余晖下泛起一圈圈涟漪。

忽然，钓竿的另一头沉重起来。拉斐尔知道一定有大家伙上钩，急忙收起渔线。终于，拉斐尔小心翼翼地把一条竭力挣扎的鱼拉出水面。好大的鱼啊！它是一条鲈鱼。

月光下，那条鲈鱼的鱼鳃一吐一纳地翕动着。妈妈打亮手电筒看看表，已是晚上 10 点——但距允许钓猎鲈鱼的时间还差两个小时。

"你得把它放回去，儿子。"母亲说。

"妈妈！"拉斐尔哭了。

"还会有别的鱼的。"母亲安慰他。

"再没有这么大的鱼了。"拉斐尔伤感不已。

　　拉斐尔环视四周，已看不到管理员，但他从母亲神色坚决的脸上知道，母亲的决定无可更改。暗夜中，那鲈鱼抖动着身躯慢慢游向湖水深处，渐渐消失了。

　　这是很多年前的事了，后来拉斐尔成为纽约市著名的建筑师。从那之后，他确实没再钓到过那么大的鱼，但他为此终生感谢母亲。因为他通过自己的诚实、勤奋、守法，钓到了生活中的"大鱼"——事业上成绩斐然。

　　拉斐尔按照规定忍痛割爱，放弃不该要的鱼，他因此收获了诚实，懂得了守法，在自己以后的人生中收获了更多的东西。

　　人生的高度应是一份知足的淡然，生命的高度应是能取能舍、当取则取、当舍则舍、善取善舍的一份安然。人生何惧"归零"！即使一无所有，人也可以再创辉煌，只要心中有梦想，不惧实干，就会实现人生理想。

弯腰是为了更好地挺立

在人生的一些关键问题上，放弃并不等于低头或承认失败，而是为了更好地做出选择，更好地经营自己的生活。

许多事情不可兼得，人必须有所选择，有所放弃。人想要在某些领域取得成功，就必须在其他方面做出牺牲。

加拿大有一条南北走向的山谷。山谷没有什么特别之处，唯一能引人注意的是它的西坡长满松、柏等树，东坡却只有雪松。这一奇异景色，许多人不知所以，揭开这个谜的，是一对普通的夫妇。

那年冬天，这对夫妇的婚姻正濒于破裂的边缘，为了找回昔日的爱情，他们打算来一次浪漫之旅。他们约定：如果能找回昔日的感情就继续一起生活，否则就友好分手。

来到这个山谷的时候，下起了大雪。他们支起帐篷，望着漫天飞舞的大雪，发现由于风向的缘故，东坡的雪比西坡的更大更密。不一会儿，雪松上就落了厚厚的一层雪。不过当雪积到一定程度，雪松那富有弹性的树枝，就会向下弯曲，直到雪从树枝上滑落。这样反复地积，反复地弯，反复地落，雪松完好无损。可其他的树却因没有这个本领，树枝被压断了。

妻子发现了这一景观，对丈夫说："东坡肯定也长过杂树，只是不会弯曲才被大雪摧毁了。"少顷，两人突然明白了什么，紧紧拥抱在一起。

生活中，人们承受着来自各方面的压力，久而久之，就会难以承受其重。这时候，就需要人像雪松那样弯下身来，不要一味固执不屈，这样才能够重新挺直身板，避免被压断的结局。

一天，父亲给儿子带来一条消息：某知名跨国公司正在招聘计算机网络员，录用后薪水丰厚，而且这家公司很有发展潜力，近些年新推出的产品在市场上十分走俏。儿子当然是很想去应聘的，可他在职校接受培训已近尾声了，如果真的被聘用了，一年的培训就算夭折了，他连张结业证书都拿不上。于是，儿子犹豫了。

父亲笑了，说要和儿子做个游戏。他把刚买的两个大西瓜放在儿子面前，让他先抱起一个，然后，要他再抱起另一个。儿子瞪圆了眼，一筹莫展。抱一个已经够沉的了，两个是没法抱住的。

"那你怎么把第二个抱住呢?"父亲追问。

儿子愣了，还是想不出招来。

父亲叹了口气，"哎，你不能把手上的那个放下来吗?"

儿子似乎缓过神来：是呀，放下一个，不就能抱上另一个了吗!

父亲提醒儿子：这两个机会总得放弃一个，才能获得另一个，就看你自己怎么选择了。儿子顿悟，最终选择了应聘，放弃了培训。后来，他如愿以偿地成了那家跨国公司的职员。

放弃今天的"舒适"，努力"充电"学习，是为了明天更好地生活。若是一味留恋今天的悠闲生活，换来的或许是明日的以泪洗面。"适时"放弃，可以使人轻装前行，去攀登人生更高的山峰。学会选择，你会发现，放弃并不是一件难事。牢记放弃原则，当人生路走不过去，迈不过坎时，果断放弃，生活将会多些快乐，多些自在。

正确的放弃，是对自己人生的负责任，是改变自己不利境遇最明智的选择。

第八章

选择和放弃是人生的常态

　　选择是人生的常态，放弃也是。西方有
句谚语：你有所选择，同时你就有所失去。
这在西方经济学上叫作"机会成本"，因为
选择而放弃的那些就是机会成本。这是客观
存在的，是一种交换。

选择适合自己的

　　人有时会不切实际地一味执着，这是一种愚昧与无知，因为方向一旦错了，前进就是退步。而方向选择对了，才会是进步，这也就是为什么人们常说：适合自己的才是最好的。

　　决定了放弃就别反悔，生命的"火车"不等人。在做决定的同时，实际上你已经失去了某些东西。你唯一能够做的，就是想清楚，你所选择的是不是真的比你放弃的还重要。很多人后悔，不是因为选择的状况不如以前，而是因为他当时选择的时候，根本没有想清楚将来的状况会如何。

　　一天，威风凛凛的"森林之王"狮子来到天神面前，向天神表示自己的感激之情。它说："尊敬的天神，我非常感激您赐予我威武强壮的体格和威严无比的外表，这使我有足够的能力统治整片森林。"

　　天神听了之后，微笑着问："这是你今天来找我的目的吗？看上去，你的内心非常烦恼，你是不是正在为某事而困扰呢？"

　　狮子听天神说出了自己内心的困惑，赶紧说："是啊，您真是英明，我还没有说出来我的心事，您就已经看穿了！尊敬的天神，尽管我的能

力很强，但是我每天都会被鸡鸣声吵醒。天神啊，祈求您，能否赐给我一种力量使我不再被鸡鸣声吵醒呢？"

听了狮子的请求，天神笑了，对狮子说："你去找找大象吧，我想，它应该能给你一个满意的答案。"

狮子非常高兴，赶紧跑到湖边去找大象。它从很远的地方就听到大象正在跺脚，那种"砰砰"的声音简直是震耳欲聋。狮子赶紧跑上前去，它惊讶地发现大象气呼呼的。狮子非常纳闷，疑惑不解地问大象："每个动物看到你都感到害怕，你为什么要发这么大的脾气呢？"大象不停地摇晃着蒲扇似的大耳朵，大声怒吼道："我的耳朵特别痒，因为有只讨厌的小蚊子总是钻进我的耳朵里。"

听了大象的话，狮子一言不发地离开了，心里暗自想着："大象的体型这么巨大，却拿那么小的蚊子毫无办法。看来，即使是像大象这种庞然大物也会被小得几乎看不到的蚊子所困扰，那么，我还有什么可抱怨的呢？归根结底，鸡每天只鸣叫一次，但是蚊子却每时每刻都在骚扰着大象。如此想来，我可比大象幸运多了。毕竟，鸡鸣叫的时候正好我也应该起床了，鸡鸣恰恰成了我的闹钟。"如此一想，狮子高高兴兴地回家去了。

每个人都会遇到麻烦事，在面对困难的时候，我们必须依靠自己去解决。

在生活中，很多人和上面寓言中的狮子一样，被许多无关紧要的事困扰着，他们自认为遇到了很大的困难，但是他们假如能够改变心态，也许就会发现原本认为的困难恰恰成了对自己有益的东西。例如，有人因为缺钱而苦恼，那么恰好可以少吃一些鸡鸭鱼肉，多吃一些蔬菜，为身体的消化器官减轻负担；有人因为和朋友之间发生误会而感到苦恼，觉得自己遭遇了前所未有的困难，其实正好可以借此机会与朋友好好沟通，加深了解。总而言之，只要你能够摆正心态，不敌视困难，而是把困难当成是朋友去对待，积极地想办法解决困难，那么困难就难不倒你！

在同一个时间段内，你坐火车去北京，就不能同时去上海；你在外面忙着挣钱，陪父母、妻子、孩子的时间就会减少；你去游山玩水，就会失去工作挣钱的机会；你思考为什么会后悔，实际上你已经为你下一次后悔埋下了伏笔。前一次的选择决定了后一次选择的方向，如果发现方向错了，你应迅速停下，做你认为正确的事情，选择最优的方案。

选择是人生的常态，重要的是每次选择要尽可能选择适合你的。而当你发现选择错了，就应该马上放弃，重新选择。因为如果选择了不适合的，还一直在坚持，那结果就只能是南辕北辙，坚持得越久无用功就做得越多。西方有句谚语：你有所选择，同时你就有所失去。这在西方经济学上叫作"机会成本"，因为选择而放弃的那些就是机会成本。这是客观存在的，是一种交换。

该拥有的要努力争取

对于那些应该拥有的东西，我们要努力争取；对于那些应该丢掉的"包袱"，我们要尽力割舍。

人生中有很多事情需要迅速做出选择。选择应该选择的，放弃应该放弃的。鸣蝉奋力地甩掉了外壳，因而获得了在高空自由的歌唱；壁虎勇敢地挣断了尾巴，因而在危难中保全了它弱小的生命；算盘珠一旦填满自己的空位，变得"座无虚席"，将丧失自己的运算功能。所以，对那些不该拥有的东西，当弃则弃。现实生活是复杂的，人的承受能力有限。大脑就如一个仓库，不管仓库多大，当多种东西充斥其中时，另外一些东西必定无法"入库"。如当我们看电视时，就不能专注于看书；当我们做事时，就不能用心地思索其他事情。所以，该舍弃的绝不能抱着不放，该拥有的一定要努力争取。

英国皇家学院公开张榜为大名鼎鼎的戴维教授选拔科研助手，这让年轻的装订工人法拉第激动不已，他赶忙到选拔委员会报名。但在选拔考试的前一天，法拉第被取消了考试资格，因为他是一个普通工人。

法拉第气愤地赶到选拔委员会同委员们理论。委员们傲慢地嘲笑说：

"没有办法，一个普通的装订工人想到皇家学院来，除非你能得到戴维教授的同意！"法拉第犹豫了。如果不能见到戴维教授，自己就没有机会参加选拔考试。但一个普通的书籍装订工人想要拜见大名鼎鼎的皇家学院教授，他会理睬吗？法拉第顾虑重重，但为了自己的理想，他鼓足勇气去找戴维教授。

第一次敲门后，屋内没有声响，当法拉第准备第二次敲门的时候，门"吱呀"一声开了。一位面色红润、须发皆白、精神矍铄的老者注视着法拉第。

"门没有闩，请你进来。"老者微笑着对法拉第说。

"教授家的大门整天都不闩吗？"法拉第疑惑地问。

"干吗要闩上呢？"老者笑着说，"当你把别人堵在门外的时候，也就是把自己堵在了屋里。我才不当这样的傻瓜呢！"

开门的老者就是戴维教授。他将法拉第带到屋里坐下，聆听了这个年轻人的叙说和要求后，写了一张纸条递给法拉第："年轻人，你带着这张纸条去告诉委员会的那帮人，说戴维老头同意了。"

经过严格而激烈的选拔考试，书籍装订工法拉第出人意料地成了戴维教授的科研助手，走进了英国皇家学院那高贵而华美的大门。

人与其接受不公平的命运，不如努力地去拼搏。不战而败如同运动员在竞赛时弃权，是一种怯懦的行为。作为一个有理想有信念的人，必须具备执着的勇气和积极进取的精神，以及"即使失败也要努力争取"的胆量。

有的人之所以能成功，是因为他们明白该做什么，不该做什么；有

的人之所以成功，是因为他们明白什么该坚持，什么又该舍弃。勇气和胆略是人行走社会的通行证，抛弃它们会使人脚下荆棘丛生。

　　成功是自己"逼"出来的。每一个人都会因为付出得到收获，这叫"报酬法则"，即付出多少，得到多少，付出与得到成正比，要想增加"报酬"，就要多加付出。

不必羡慕别人的"花园"，
你也有自己的"沃土"

生活中，每一个人都没有必要将自己的目光一直投放在他人的生活上，多关注自己，多欣赏自己，才能体会到生活的快意。而关注他人，既没有必要，也没有意义，因为每个人在世界上都是独立的个体，只能自己走自己的人生道路，他人代替不了你，你也不是他人。

很多人羡慕那些明星、名人日日淹没在鲜花和掌声中，认为他们名利双收，认为世间苦痛都与他们无缘；有些人羡慕有权有势者，认为他们很是幸运，好像好事都让他们占了先。其实，这是羡慕别人的"盲区"。走进明星、名人的生活，他们同样有着不为人知的心酸；走进有权有势者的生活，他们更多地羡慕平凡人的自由。

俗话说："人生失意无南北。"宫殿里会有伤心之事，茅屋里也会有笑声。日常生活中，无论是别人展示的，还是我们关注的，大多是风光的一面、得意的一面。于是，站在"城里"，向往"城外"；而一旦"出了城"，就会发现生活其实都是一样的。所以，人根本没有必要将自己的

眼光一直投注在他人的生活上，因为，生活是你自己的，过好过坏都由自己负责。

在一条河的两岸，一边住着百姓，一边住着僧人。百姓们看到僧人们每天无忧无虑，只是诵经撞钟，十分羡慕他们；僧人们看到百姓们每天日出而作、日落而息，也十分向往那样的生活。日子久了，他们都各自在心中渴望着：到对岸去。

一天，百姓们和僧人们达成了协议。于是，百姓们过起了僧人们的生活，僧人们过上了百姓们的日子。

几个月过去了，成了僧人的百姓们发现，原来僧人的日子并不好过，悠闲但受约束的日子让他们感到无所适从，便怀念起以前当百姓的自由自在来。

成了百姓的僧人们也体会到，他们根本无法忍受世间的种种烦恼、辛劳、困惑，于是也想起了做僧人的种种好处。

又过了一段日子，他们各自心中又开始渴望着：到对岸去。最终他们换了回来。

由此可见，人们眼中的他人的快乐，并非真实生活的全部。那些认为自己生活质量很差的人，实际上是因为他们心灵的空间挤满了太多的"负重"，因而无法欣赏自己真正拥有的东西。其实人不必对自己太过苛求，"家家有本难念的经"，谁都未必一定比他人出色。有位哲人说："和别人比是傻子，和自己比才是真正的聪明人。"

其实，每个人身上都有让他人羡慕的地方，同样也有让自己不满意的地方。每个生命都有欠缺，不必作无谓的比较，珍惜自己所拥有的一切就好。

一个年轻人总是抱怨自己时运不济、生活不幸福，终日愁眉不展。

一天，一个须发俱白的老人走过，问年轻人："年轻人，干吗不高兴？"

"我不明白我为什么老是这么穷。"

"穷？我看你很富有嘛！"老人由衷地说。

"这从何说起？"年轻人问。

老人没有正面回答，反问道："假如我折断了你的一根手指，给你1000元，你干不干？"

"不干！"年轻人回答。

"假如折断你的一根手指，给你10000元，你干不干？"

"不干！

"假如让你马上变成80岁的老翁，给你100万元，你干不干？"

"不干！"

"这就对了，你的青春能换来的钱，已经超过了100万元呀！"老人说完，笑吟吟地走了。

是的，拥有健康的身体，就是人生最大的富足。永远不要"眼红"那些看上去幸福的人，其实你不知道他们背地里的悲伤与辛酸。在这个社会上，明星、富豪、有权有势的人，外表尽管令人艳羡，但深究其里，冷暖自知，说不定他们的生活也有苦不堪言的地方。

　　不要去羡慕别人的"花园"美丽，因为你也有自己的"沃土"。也许你的花开得不如别人的鲜艳夺目，但你的花仍是独特的存在。

　　好好算算命运给你的"恩典"，你就会发现，你所拥有的绝对比你想象的要多出许多，而有缺陷的那一部分虽不可爱，却也是你生命的一部分，接受它，善待它，你会更快乐、更豁达。

让心灵澄净

生命中有很多与人的本性无关的东西，这些东西对于人来说是无用的"包袱"。很多时候，我们常常会被这样的"包袱"所干扰，最终失去了真实的自我，在歧路上越走越远，找不到回头的路。

人的一生，就像一趟旅行，沿途有数不尽的坎坷、泥沼，也有看不完的春花秋月。如果心灵总是被灰暗的风尘所覆盖，干涸了心泉、黯淡了目光、失去了生机、丧失了斗志，人生这段旅程岂能美好？

一个皇帝想要整修城里的两座相对着的寺庙，他派人去找技艺高超的设计师，希望能够将两座寺庙整修得美丽又庄严。

皇帝找来了两组设计人员，其中一组是京城里很有名的工匠与画师，另外一组是几个普通的和尚。

两座寺庙的整修准时开工了。工匠与画师们向皇帝要了一百多种颜料，又要了很多工具；而让皇帝奇怪的是，和尚们居然只要了抹布与水桶等简单的清洁用具。

十天之后，皇帝来验收。他首先看了工匠与画师们所装饰的寺庙。寺庙用了非常多的颜料，工匠们以非常精巧的手艺把寺庙装饰得金碧辉煌。

皇帝满意地点点头，接着回过头来看和尚们负责整修的寺庙。他看了一下就愣住了。和尚们所整修的寺庙没有涂上任何颜料，他们只是把所有的墙壁、桌椅、窗户等都擦拭得非常干净，寺庙中所有的物品都显出了它们本来的颜色。它们光亮的表面就像镜子一般，无瑕地反射出色彩，那天边多变的云彩、随风摇曳的树影，甚至对面金碧辉煌的寺庙，似乎都变成了这个寺庙美丽色彩的一部分，而这座寺庙只是宁静地接受着这一切。

皇帝被和尚们整修的朴素、庄严的寺庙深深地感动了。

这个故事说明，我们的"心"不需要用各种精巧的装饰来美化，需要的只是让内在原有的"美"无瑕地显现出来。

人的本性藏在内心深处，只有在没有杂念的时候才会显现它真实的一面。如果善恶、是非、爱憎、贪欲等种种杂念交相缠绕在心头，就如同在蒙了灰尘的镜子前照自己的身体，一切都是不切实际的幻象。因此让心灵澄净，时时用清水拂拭，保持宁静、纯洁，能赢得一身轻松。人是受"心"支配的，当"人心"向善时，表现也是善良的，当"人心"向恶时，表现也是丑恶的。千万不要给心灵套上枷锁，那样的话，心就扭曲了，就会改变原来的模样。相由心生，境由心现。心正人正，心诚人诚。

后退是为了大踏步前进

人生就好像是一个圆，无论是顺时针走，还是逆时针走，都能走到交集上。生活中，进与退如同圆上任意一点，在必要的时候，学会"退"，不是屈服、软弱，而是非常务实、通权达变的智慧。退可改变现状、转危为安。退是一种战术，也是一种战略。

以退求进是一种高明的处世哲学，就像只有收紧拳头才能出拳有力一样，退一步是为了大踏步前进两步。很多人以退让开始，以胜利告终。

三国时期的司马懿就是利用以退为进的策略夺得兵权的。三国时，蜀相诸葛亮出兵北伐曹魏。魏主曹睿面对如雪片般飞来的告急文件，一时间不知如何是好。另一方面，文件又到，说东吴孙权称帝，与蜀国结盟，随时会入侵中原。两处告急，如何是好？此时又传出执掌兵权的大都督曹真病重的消息，曹睿只好宣召自己一直不信任的司马懿商量对策。

司马懿说："以臣猜测，东吴孙权只是称帝，故作兴兵。我们不用派兵防吴，只要集中兵力防蜀便可以了。"曹睿认为有理，立即封司马懿为大都督，总领陇西各路兵马，又吩咐左右，说："去曹真府取大都督兵符来。"

司马懿却阻止说："让我自己去取吧！"

司马懿见了卧病的曹真，说："东吴、西蜀联盟兴兵来犯，诸葛亮又再次兵出祁山，您知道吗？"

曹真大惊，说："我因为病重，家人封锁了消息。现在国家危急，只有司马兄才有能力抵挡蜀兵呀！"

司马懿谦虚地说："我才薄智浅，怎可称职呢？"

曹真命左右，说："取大都督兵符来！"

司马懿推辞道："都督不用担心，我愿助你一臂之力拒敌，只是不敢接受兵符呀！"

曹真听了，央求道："你如果不担此重任，国家就危急了！我今日虽然病重，也要面见皇帝推荐你！"

司马懿见他如此有诚意，便说："天子已有恩命，只是我不敢接受罢了！"

曹真大喜，说："你若肯担当此任，蜀兵可退！"司马懿再三推辞后，终于接受了兵符。

老谋深算的司马懿，恰当地运用了以退为进的策略，既掌握了兵权，也化解了曹真被夺权的怨愤。

退让并非懦弱，在一定程度上，它是一种谦虚的美德，是一种我为人人的精神。孔融三岁让梨；清朝大学士张英退让三尺院墙，留下千古名诗："千里修书只为墙，让他三尺又何妨？万里长城今犹在，不见当年秦始皇。"有时候，进一步是悬崖万丈，退一步则海阔天空。

退让不仅利人利己，而且不会引起纷争，获得的比失去的要多。为人处世要学会退让。让则通，通则顺，一顺则百顺，顺风顺水，顺心顺利。退让，是一种智慧，也是一种艺术，更是一种走向成功的策略。

有人说退与舍有些相似，"退"的主体是自我，"舍"的主体也是自我。舍己是一种自我牺牲的表现，人如果没有宽广的胸怀、我为人人的精神，是做不到舍己的。舍己、退让都是大处着眼、大局为重的高境界。

"退"是为了进，如果达不到这种要求，"退"就毫无意义了，连连后退，最后只会退无可退。

你为他人打伞，他人为你挡风

人是社会动物，一个人如果只顾着自己，从来不考虑别人的感受和利益，早晚会众叛亲离。聪明的人明白，只有先帮助别人，才能最终成就自己。

帮助别人不仅仅是为了让自己得到更多的实惠，在这个过程中，人也会得到帮助别人所带来的精神上的满足。帮助别人既然能得到物质上的实惠，又能得到精神上的愉悦，何乐而不为呢？

想让别人对你微笑，就先微笑对待别人；想有更多的人爱自己，就先去爱别人；想交更多的朋友，就真心地对待身边每一个人……只有你为他人打伞，他人才会为你挡风。

两个钓鱼高手一起到鱼池垂钓。这两人各凭本事，一展身手，不久，都大有收获。忽然间，鱼池附近来了十多名游客。看到这两位高手轻轻松松就把鱼钓上来，不免有几分羡慕，于是都去附近买了一些钓竿来碰运气。没想到，这些不擅此道的游客无论怎么钓都毫无成果。

那两位钓鱼高手，个性相当不同。其中一人孤僻而不爱搭理别人，单享独钓之乐；另一位高手却是个热心、豪放、爱交朋友的人。

爱交朋友的这位高手看到游客钓不到鱼，就说："这样吧！我来教你们钓鱼，如果你们学会了我传授的诀窍，而钓到的鱼多了时，每十尾就分给我一尾，不满十尾就不必给我。"双方一拍即合，很快达成了协议。教完这一群人，他又到另一群人中，同样也传授给他们钓鱼技巧，依然要求每钓十尾回馈给他一尾。

一天下来，这位热心助人的钓鱼高手把所有时间都用于指导垂钓者，傍晚竟然获得满满一大箩筐鱼，还认识了一大群新朋友，左一声"老师"，右一声"老师"地被包围着，备受尊崇。

同来的另一位钓鱼高手却没享受到这种助人为乐的乐趣。当大家围绕着其同伴学钓鱼时，那人更显得孤单落寞。他闷钓一整天，检视竹篓里收获的鱼时，远没有同伴的多。

可见，在社会中，有时候帮助别人，才能更好地成就自己。帮助别人就相当于把自己的力量分给了更多的人，这样得到的回馈肯定也多于"单打独斗者"的收获。此外，在别人急需帮助的时候施以援手，不但可以解救别人"于水火之中"，还可以为自己赢得更多的声望。

世间的得失与取舍之间的关系是相通的，都符合辩证统一范畴。生活中有失才有得，想要有取，必须学会给予。"取"与"予"之间并不是对立的，如果只是一味地想着索取，那么，人将活得孤独；人倘若懂得"先予而后取"的道理，那么，他的朋友会遍天下。

得饶人处且饶人

在人际交往中，破坏力最强的莫过于这三个字——"你错了"，这三个字不仅不会给人际交往带来任何好处，还经常会带来不快的争吵，甚至使朋友变成"对手"，使爱人变成怨偶。

人都有自尊，如果不是你至爱的亲人，你对另一个人说"你错了"时，很有可能撞在他"固执"的"墙"上，十分不利于友情的维系。

每个人都难免会犯错，都有需要别人原谅的时候。许多人一旦自己"得了理"，便不肯饶人，非逼得对方认错不可。一次"得理不饶人"可能会让你吹响了"胜利的号角"，但也会成为"下次争斗"的前奏。因为这对"战败者"来讲，是一种"面子"和利益之争，要"伺机讨还"。

晋朝时，朝廷重臣朱冲虽身居要职，但为人公正，刚直不阿。他一生恪尽职守，宽厚待人。

朱冲生于南安，自幼贫困的他，很小就开始帮家里放牛。

有一天，朱冲将牛赶到山坡上去放。不一会儿，朱冲打起盹来。睡梦中的朱冲被草丛中传来的声音吵醒了，只见自己的邻居蹑手蹑脚地向这边靠近，抓起一根牛缰绳，把朱冲的一头牛牵走了。

　　朱冲并没有勃然大怒，他认为邻居不会无端地将别人的牛牵走，此中一定有缘由。他认为，等弄明白事情的原委再说不迟，没有必要鲁莽行事。不多时，邻居找到了朱冲，满脸歉疚。原来，这位邻居的牛找不到了，他一时糊涂，错把朱冲的牛牵走了。

　　朱冲听完，宽容地一笑，说："你家里日子艰难，这头牛就送给你吧！"邻居原准备挨朱冲的一顿责骂，没想到朱冲竟以牛相赠，感激得一句话也说不出来。

　　许多犯错的人在得到他人的原谅后，多半会真心悔过，而非执迷不悟。宽容的人容易获得幸福，不是他们天生有这种能力，而是在原谅他人的过错后，他们的内心会少一份沉重的负担。

　　所以，我们要像朱冲那样，即使自己有理，也不妨让别人三分。其实，有些时候给他人"台阶"下，也是为自己攒下了"人情"，留下了一条"后路"。

　　希腊神话中有一位大英雄叫海格力斯。一次，他走在山路上，忽然脚下滚来一个大袋子。海格力斯踢了袋子一脚，谁知袋子越来越大。海格力斯生气了，随手抽出携带的木棒照准口袋就是一棒子，谁知口袋更加膨胀，将路干脆堵了起来。

　　此时，宙斯出现了，对海格力斯说："你快别动它，它叫仇恨袋。你不理它，它一会儿就会变小，你越犯它，它越会不断增长，与你敌对到底"。

　　不要把相处的人都当作度量不凡的超人，大多数人毕竟不是修炼到家的"圣人"。和我们交往的都是感情丰富的常人，有些甚至还是充满偏

见、傲慢和有些虚荣的人。而能够虚怀若谷地对待别人的批评的人，只是少数人。

所以，当我们想说"你错了"时，应该明白，对方十有八九不会诚心接受，就像我们自己不会心甘情愿地接受别人对我们说"你错了"一样。

生活中，有的时候，我们即使明知自己错了，也不愿意承认，所以不必将别人的错误摆在那么明显的位置。

有一剂处世药方，教的是如何待人接物，写得很有意思："热心肠"一副，"温柔"两片，"说理"三分。有人或许会疑惑，这"说理"为什么是"三分"而不是"十分"呢？

"说理"三分，讲的其实是一种技巧。你若有理，聪明人一点就通，不用"十分"，"三分"足够了，不必画蛇添足；碰到固执之人或钻牛角尖的人，你费再多口舌也无用，何必执着，不妨假以时日，让对方自己慢慢去悟；至于蛮汉，本就不讲理，即使讲上"十二分"，也无异于对牛弹琴。

"说理三分"，讲的就是宽容。人总有缺点，或多或少有不完美的地方，巧妙地说上几句，点到为止，与人为善，会让对方心存感激；若是穷追猛打，非要弄得对方"下不来台"，很可能会两败俱伤，得不偿失。

善待生命中的"过客"

在我们的生命中，不断地有人离开或进入，我们无法把握时间去改变这些，但是，我们可以用自己的心去珍惜自己生命中存在过的人。我们与每一个人的相遇都是一种"缘分"。当有一天，我们回首的时候，可能会发现那些当初很要好的人已经是天各一方；有些曾经大大咧咧相处的日子似乎已经很遥远了，想念斯人，可能会发现已经连他的联系电话都没有了，于是后悔当初只因为一句话伤害彼此，后悔没有好好珍惜在一起的日子。

一天，一个中年妇女见自己家门口站着三位老人，便上前对老人们说："你们一定饿了，请进屋吃点东西吧！"

"我们不能一起进屋。"老人们说。

"为什么？"中年妇女不解。

一位老人指着同伴说："他叫成功，他叫财富，我叫善良。你现在进屋和家人商量一下，看看需要我们当中哪一位。"

中年妇女进屋和家人商量后决定把"善良"请进屋。她出来对老人们说："善良老人，请到我家来做客吧。"

善良老人起身向屋里走去，另两位叫成功和财富的老人也跟着走了进来。

中年妇女感到奇怪，问"成功"和"财富"："你们怎么也进来了？"

"善良是我们的兄弟，兄弟在，我们也必须在，因为哪里有善良，哪里就有成功和财富。"老人们回答说。

其实就像上面的寓言说的那样，财富和成功总是伴随着一起而来，如果我们善待生命中曾出现的每一个人，珍惜他们，也是在善待我们自己。

无论什么时候，我们身边出现的每一个人，都是我们的"福分"，要感激上天给予我们与每一个人的相逢，或许此刻我们亲近无比，但说不准哪一天我们从此分别，永远无法联系。为了我们的人生不留遗憾，请善待我们生命中的每一位"过客"。

遇到你真正的爱人时，要努力争取和他（她）相伴一生的机会，因为当他（她）离去时，一切都来不及了；

遇到可以相信的朋友时，要好好地和他（她）相处下去，因为在你的一生中，能遇到一个知己真的不容易；

遇到人生中的"贵人"时，要记得好好感激，因为他（她）会是你人生的转折点；

遇到曾经爱过的人时，要记得微笑向他（她）表示感激，因为他（她）是让你更懂得爱的人；

遇到曾经恨过的人时，要微笑着向他（她）打招呼，因为他（她）让你变得更坚强；

遇到现在和你相伴一生的人，要百分百地感谢他（她）爱你，因为你们现在都得到了幸福和真爱；

遇到匆匆离开你的人，要谢谢他（她）走过你的人生，因为他（她）是你精彩回忆的一部分。

微笑对待他人，对待自己，对待身边的事物；善意地对待他人，对待自己，对待身边的事物。人的生命都需要受到尊重，你怎样对待他人，他人就会怎样对待你。善待生命中每一个与你擦身而过的人，你的人生将了无遗憾。